Die geheimen Tricks der Arbeitgeber

Carmen Schön

DIE GEHEIMEN TRICKS
DER ARBEITGEBER

Karrierefallen erkennen
und selbstbewusst kontern

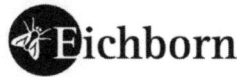

Für Claudia

1 2 3 4   10 09

1. Auflage, März 2009

© Eichborn AG, Frankfurt am Main, März 2009
Umschlaggestaltung: Christina Hucke
Layout und Satz: Oliver Schmitt
Druck und Bindung: Fuldaer Verlagsanstalt, Fulda
ISBN 978-3-8218-5975-0

Eichborn Verlag, Kaiserstraße 66, D-60329 Frankfurt am Main
Mehr Informationen zu Büchern und Hörbüchern aus dem
Eichborn Verlag finden Sie unter www.eichborn.de

Inhalt

Vorwort 7

Die Tricks mit dem Gehalt: Warum verdiene ich so wenig?
... Und wie sie sich davor schützen, sich unter Wert zu verkaufen 13

Der Arbeitsplatz ist falsch betitelt 15
Firmenbeteiligung als variabler Gehaltsanteil 27
Befristete Arbeitsverträge 34
Lockmittel Beförderung 39
Berufsanfänger: Unerfahrenheit wird strategisch ausgenutzt 47

Emotionale und funktionale Tricks: Warum kommen Sie nicht weiter?
So machen Sie trotzdem Karriere 53

Mitarbeiter werden durch zu hohes Arbeitsaufkommen überlastet 55
Emotionale Bindung: Das Spiel mit den Grundbedürfnissen 63
Nacht- und Wochenendarbeit 88
Den Mitarbeitern das Gefühl geben, sie seien zu nichts fähig 93
Falsche Marktdaten anderer Unternehmen werden verbreitet 97
Interne Konkurrenz und Wettbewerb werden gezielt geschürt 100
Doppelt besetzte Positionen 106
Fachliche Degradierung 111
Öffentliche Degradierung 117
Isolationshaft 121
Verwirrung im Organigramm: Wer ist wem zugeordnet? 126
Wer wird geduzt und wer muss siezen? 132
Manipulation von Mitarbeiterergebnissen: Fehler werden absichtlich hinzugefügt 135
Zuweisung unattraktiver oder unlösbarer Aufgaben 141
Druckmittel: Video- und Datenüberwachung von Mitarbeitern 143
Einsatz von Mitarbeitern als Spitzel 154

Mitarbeiter als Werkzeuge einsetzen, um eigene Straftaten zu verdecken

... und so schützen Sie sich davor   163

Kriminelle Absichten: Schwarzkonten und Scheingeschäfte   163
Loyalitäts-Appell   172
Ängste schüren   174
Versprechungen: Beförderung und Ansehen   176

Wenn gar nichts mehr geht: Wie erhalte ich eine angemessene Abfindung?   179

Schlusswort   183
Literaturtipps   185
Die Autorin   187
Danksagung   188

Vorwort

Sie möchten in Ihrem Unternehmen Karriere machen? Sie fragen sich, ob Sie sich richtig verhalten und alle Tricks (er)kennen, die Sie auf Ihrem Weg nach oben behindern könnten?

Vielleicht sind Sie seit Jahren in Ihrem Unternehmen beschäftigt und fragen sich, warum es auf der Karriereleiter nicht weiter geht. Sind Sie Berufseinsteiger oder haben gerade das Unternehmen gewechselt und möchten sich für die ersten Schritte in der neuen Firma wappnen?

Dann sind Sie hier richtig. Das Ziel dieses Buches ist es, Sie über die üblichen Tricks der Arbeitgeber aufzuklären und Sie in die Lage zu versetzen, diese zu erkennen und aktiv die Gestaltung Ihrer Karriere in die Hand zu nehmen. Der Weg nach oben wird Ihnen in Ihrem Unternehmen nur dann offen stehen, wenn Sie lernen, mit den Augen Ihres Arbeitgebers zu sehen und ihm mit diesem Wissen auf Augenhöhe zu begegnen. Dann wird er Sie schätzen und ernst nehmen.

Es gibt unterschiedliche Führungsstile und Kulturen in Unternehmen. Es gibt solche, die viele der Tricks zur Mitarbeiterführung, die in diesem Buch genannt sind, anwenden. Es gibt aber auch Firmen, die keine der hier angesprochenen Praktiken einsetzen. Unabhängig davon, in welchem Unternehmen Sie tätig sind, ist es hilfreich, dass Sie die üblichen Methoden der Arbeitgeber kennen, um sie wahrzunehmen, wenn sie Ihnen begegnen. Mit diesem Wissen wird es Ihnen leichter fallen, die eine oder andere Handlung Ihrer Firma einzuordnen und zu bewerten. Manchen Mitarbeiter wird es bisweilen Kraft und Überwindung kosten, dem Chef auf Augenhöhe zu begegnen und für sich und ihn klar zu definieren, welche Spiele er mitspielt und welche nicht. Vielleicht wird es auch neu für Sie sein, sich konsequent für Ihre Rechte einzusetzen. Aber Sie werden merken, dass dieses Vorgehen nicht die schlechteste Art ist, um Karriere zu machen. Mitarbeiter mit Profil sind in oberen Etagen nach wie vor gefragt.

Sind Sie einmal in die Unternehmenskultur einer Firma integriert, so wird es Ihnen schwer fallen, zu beurteilen, welche Tricks gelebt und angewandt werden. Die berufliche Atmosphäre, die Sie jeden Tag umgibt, wird Ihnen schnell als der Normalzustand vorkommen, da Sie sich daran gewöhnt haben und Ihnen vielleicht der Vergleich mit anderen Firmen fehlt. Sie werden in vielen Fällen auch kein Gefühl mehr dafür entwickeln, ob Sie beruflich schnell genug vorankommen oder ob Sie im Unternehmen »geparkt« werden. Auch das ist ein Grund, warum Sie die Tricks Ihres Arbeitgebers kennen sollten. Es gibt Strategien und Taktiken, die Sie aktiv einsetzen können, um trotzdem weiterzukommen.

Auch wenn Ihnen das vielleicht so vorkommen mag – Sie sind einem Unternehmenssystem und dessen Spielen nicht ausgeliefert, sondern Sie gestalten es mit! Wie aktiv Sie dieses tun, hängt von Ihnen ab. Es ist schade, wenn Sie meinen, keine Karriere in Ihrem Unternehmen machen zu können, weil es Sie nicht groß werden lässt. Denn es gibt immer einen Weg, den Sie verfolgen können, damit er Sie zu Ihrem Karriereziel bringt. Vielleicht wenden Sie derzeit in Ihrem Unternehmen noch nicht die richtige Taktik an oder haben die Tricks Ihres Arbeitgebers noch nicht durchschaut. Ich möchte Sie darin unterstützen, das zu überprüfen.

Gerade Berufseinsteiger werden sich bei ihrem ersten Job fast ausschließlich auf ihr Fachwissen, das sie in das Unternehmen einbringen, konzentrieren. Sie gehen bei der Einstellung davon aus, dass der Arbeitgeber sie leistungsgerecht bezahlt und ihr Engagement zu schätzen weiß.

Es gibt Arbeitgeber, die das tun – es gibt aber auch viele, die versuchen, ihre Mitarbeiter schon bei die Einstellung (finanziell) klein zu halten. Um einschätzen zu können, wie der Chef mit Ihnen umgeht, sollten Sie schon vor Jobbeginn wissen, welche Fallstricke am Arbeitsplatz eventuell auf Sie warten. Es gibt Wege, sich adäquat dagegen zu wehren, ohne sich im Einstellungsgespräch gleich ins »Aus« zu begeben.

Übliche Tricks sind zum Beispiel die falsche Betitelung des Arbeitsplatzes oder ein großer Gewinn, der in Aussicht gestellt wird, wenn man Firmenanteile erwirbt. Vielleicht warten Sie auch vergeblich auf die Beförderung, die Ihnen am Anfang versprochen wurde und die den Grund dafür darstellt, dass Sie sich mit einem kleinen Anfangsgehalt zufrieden gegeben haben. Und wenn Sie massiver nachfragen, wird man

Ihnen eventuell freistellen, das Unternehmen zu verlassen. Je jünger Sie sind, umso attraktiver sind Sie für viele Arbeitgeber – junge Menschen suchen Sicherheit, die Zugehörigkeit zu einer Gruppe und lassen sich schnell begeistern. Ihr Arbeitgeber gibt Ihnen gerne ein »Zuhause«, in dem Sie sich zugehörig fühlen und in dem Sie inklusive Wochenende bis 22 Uhr oder länger bei niedrigem Gehalt arbeiten »dürfen« – die abendliche Pizza geht auf Kosten der Firma. Wehe Ihnen, wenn Sie aufwachen und feststellen, dass Sie als billige Arbeitskraft missbraucht werden. Eine angemessene Gehaltserhöhung wird es für Sie in den meisten Fällen nicht geben – es warten zu viele junge Bewerber vor der Tür, die in diese Gruppe möchten und für weniger arbeiten werden als Sie. Das klingt vielleicht ernüchternd, Sie haben es aber in der Hand. Wenn Sie die Methoden der Arbeitgeber kennen und Umgangsweisen damit finden, dann haben Sie die Möglichkeit, aus der Not eine Tugend zu machen und Ihre Karriere aktiv selbst zu gestalten.

Arbeiten Sie schon seit einigen Jahren für Ihr Unternehmen und fragen sich, warum Ihre Karriere nicht vorankommt? Haben Sie instinktiv das Gefühl, klein gehalten zu werden? Dann können Sie sicher sein, dass es so gewollt ist und strategisch eingesetzt wird. Es gibt Unternehmen, die nicht daran interessiert sind, mündige und denkende Mitarbeiter zu beschäftigen. Denkende Mitarbeiter stellen Fragen, sie hinterfragen Entscheidungen des Managements und wollen zu viel wissen. Das ist anstrengend und für viele Führungskräfte eine Bedrohung. Also wird man versuchen, sie gefügig zu halten und ihnen keine Gelegenheit geben, Selbstbewusstsein und Selbstsicherheit aufzubauen. Man wird sie arbeitsmäßig überlasten, und vielleicht werden nächtliche Besprechungen angesetzt, an denen sie teilnehmen müssen, sodass sie gar nicht mehr zum Nachdenken kommen. Es gibt unzählige Tricks, Mitarbeiter vom Denken und kritischen Nachfragen abzuhalten. In diesem Buch werden Sie diese Tricks kennen lernen.

Auch für Angestellte, die unter Druck gesetzt werden, weil sich der Arbeitgeber von ihnen trennen möchte, ist es wichtig zu erkennen, auf welche Art er das tut. Dem Unternehmen wird es darum gehen, sie möglichst billig loszuwerden – sie dagegen werden eine adäquate Abfindung fordern. Diese Ziele passen nicht zusammen.

Deshalb werden viele Arbeitgeber ab diesem Zeitpunkt versuchen, die Mitarbeiter unter Druck zu setzen – in der Hoffnung, dass sie unter dem Mobbing so leiden, dass sie schnell, leise und billig das Unternehmen verlassen. Hierzu wird dann ein »Giftschrank« angelegt, in dem das gesammelt wird, womit man sie unter Druck setzen kann: private E-Mails, Aussagen von Kollegen, Fehler und so weiter. Wenn nicht genügend Daten gegen die betreffenden Mitarbeiter vorliegen, hat auch hier der Arbeitgeber einen Plan B. Es werden ihnen vielleicht manipulierte Daten auf den PC gespielt, die belegen, dass sie fehlerhaft gearbeitet haben. Nun ist es an ihnen, zu beweisen, dass diese Daten bewusst verfälscht wurden. Das wird dem Mitarbeiter in den meisten Fällen kaum möglich sein, und er wird freiwillig auf eine Abfindung verzichten, nur um dem Druck nicht mehr standhalten zu müssen. Denn eines ist oft relativ schnell klar: Der Arbeitgeber sitzt am längeren Hebel oder hat den längeren Atem. Die Arbeitnehmer müssen daher darauf achten, die richtigen Schritte zur richtigen Zeit zu gehen.

Finden Sie Ihre Situation in einer der Beschreibungen wieder? An welcher Stelle Ihrer beruflichen Laufbahn stehen Sie derzeit? Haben Sie gerade Ihr Studium absolviert und sind in ein Unternehmen eingestiegen? Oder haben Sie den Job gewechselt, und fragen sich, welche Fallstricke sich an Ihrem neuen Arbeitsplatz auftun?

Die Tricks der Arbeitgeber, die ich in diesem Buch beschreibe, werden Sie Ihr ganzes Berufsleben lang begleiten. Und je schneller Sie die Vorgehensweisen kennen, desto weniger Kraft und Zeit verlieren Sie mit beruflichen Kämpfen. Einmal erkannt, werden Sie je nach Ziel die richtige Taktik anwenden, um Karrierefallen aus dem Weg zu gehen und aktiv Ihren Aufstieg zu gestalten. Dazu stelle ich Ihnen in diesem Buch die Strategien vor, die Sie in der jeweiligen Situation verfolgen können, um sich gegen die Tricks der Arbeitgeber zu wehren.

Ein kleiner Tipp bezüglich dieses Buches: Versuchen Sie beim Lesen einmal einen anderen Blickwinkel anzuwenden. Nehmen Sie nicht alles so ernst und existenzbedrohend, auch wenn Sie mit dem Job natürlich Ihren Lebensunterhalt verdienen. Ich habe festgestellt, dass man die Tricks und Kniffe, die Arbeitgeber anwenden, besser ertragen und dagegen kontern kann, wenn man sie spielerisch betrachtet. Das heißt: Lesen Sie dieses Buch und gucken Sie sich das Ganze einmal aus einer

Perspektive an, in der Sie nicht nur Opfer, sondern auch Mitspieler des Unternehmens sind. Dann wird es Ihnen leichter fallen, den Tricks selbstbewusst zu begegnen.

Viel Spaß dabei!

DIE TRICKS MIT DEM GEHALT: WARUM VERDIENE ICH SO WENIG?

... und wie Sie sich davor schützen, sich unter Wert zu verkaufen

Haben Sie das Gefühl, angemessen bezahlt zu werden? Wenn ja, herzlichen Glückwunsch! Sie haben gut verhandelt oder einen fairen Arbeitgeber, der Ihr Gehalt von sich aus marktgerecht gestaltet. Wenn *nicht*, sollten Sie sich darüber Gedanken machen, warum Sie zu wenig verdienen.

Ihre Interessen

Eines Ihrer wesentlichen Interessen wird es sein, für Ihre Arbeitsleistung ein entsprechendes Gehalt zu bekommen. Daneben wollen Sie sich vielleicht persönlich weiterentwickeln und möchten einen interessanten Arbeitsplatz bekleiden. Weiter wird Ihnen sicher auch eine positive und wertschätzende Atmosphäre im Unternehmen wichtig sein. Denn nur dann können Sie wirklich gute Arbeitsergebnisse erzielen.

Was sind Sie für diese Bedingungen zu geben bereit? In den meisten Fällen wird dies eine qualifizierte und engagierte Mitarbeit, ein Interesse am Wachstum des Unternehmens und Loyalität zur Firma sein. Hin und wieder werden Sie sicher auch Überstunden in Kauf nehmen und die Bereitschaft haben, sich fortzubilden.

Die Interessen Ihres Arbeitgebers

Hat Ihr Arbeitgeber die gleichen Interessen? Was möchte er von Ihnen haben?

Ihr Arbeitgeber wünscht sich von Ihnen Leistungsbereitschaft, fachliche Qualifikation und dass Sie die Unternehmensregeln akzeptieren und umsetzen. Darüber hinaus möchte er, dass Sie bereit sind, sich einzusetzen und Überstunden zu machen. Mitdenken sollen Sie dann, wenn es gefragt ist, und ansonsten einfach funktionieren, wenn es nur darum geht, etwas operativ umzusetzen.

Was gibt Ihr Arbeitgeber Ihnen dafür?

Im besten Fall honoriert Ihr Arbeitgeber Ihre Leistung mit einem angemessenen Gehalt, einer interessanten Aufgabe mit Perspektive, einem guten Arbeitsklima und der Sicherheit, in den nächsten Jahren Ihren Lebensunterhalt in der Firma erwirtschaften zu können. Mit etwas Glück bietet er Ihnen die Möglichkeit zu Weiterbildungen, vielleicht bekommen Sie auch einen Firmenwagen und ein Firmenhandy.

Der typische Arbeitgeber ist immer darauf bedacht, finanziell nur die Investition zu erbringen, die unbedingt nötig ist. Deshalb liegt es auf der Hand, dass er versuchen wird, Sie als hoch qualifizierten Mitarbeiter zu guten Konditionen (das bedeutet für ihn »preiswert«) einzustellen.

Aber woran erkennen Sie, dass Ihr Arbeitgeber Sie unter Marktpreis einkaufen möchte oder schon eingekauft hat? Und wie können Sie entgegenwirken?

Eine altbekannte und bewährte Methode ist es, den Arbeitsplatz oder die berufliche Position falsch zu betiteln.

Der Arbeitsplatz ist falsch betitelt

Das Gehalt für Ihren Arbeitsplatz hängt davon ab, wie qualifiziert Sie für Ihre Aufgaben sind und wie viel Verantwortung Sie übernehmen. Daher ist es wichtig, dass Ihre Tätigkeit die Beschreibung Ihres Arbeitsplatzes widerspiegelt. Das ist oft nicht der Fall.

Die Arbeitsplatzbeschreibung

Kennen Sie die Beschreibung Ihres jetzigen Stellenprofils? Auch wenn es Ihnen bis zum heutigen Tag nicht wichtig gewesen ist, was in Ihrer Arbeitsplatzbeschreibung steht, sollten Sie darauf besonderes Augenmerk legen. In einer Arbeitsplatzbeschreibung sind die Aufgaben beschrieben, die zu Ihrer Position gehören. Dort sollte vermerkt sein, welche Tätigkeiten Sie auszuführen haben und wie Sie organisatorisch in Ihrem Unternehmen eingliedert sind. Festgelegt ist hier außerdem, wer Ihr Vorgesetzter und wer Ihr Mitarbeiter ist. Aufgrund Ihrer Einordnung in die Firma wird deutlich, welche Befugnisse Ihnen an Ihrem Arbeitsplatz zustehen und wie Ihre Position gehaltlich eingeordnet ist – insbesondere im Vergleich zu anderen Stellen im Unternehmen.

Von der Arbeitsplatzbeschreibung und der Wertigkeit Ihrer Tätigkeit hängt Ihr Gehalt unmittelbar ab. Nicht für jede Position in jedem Unternehmen gibt es eine schriftliche Arbeitsplatzbeschreibung. Das kann durch einen Mangel an Zeit, diese zu definieren, begründet sein, oder auch damit, dass Arbeitsplätze und Aufgaben flexibel gestaltet werden können. Einen kleinen Auszug Ihrer Tätigkeit werden Sie jedoch immer in Ihrem Arbeitsvertrag (meistens am Anfang oder in der Tätigkeitsbeschreibung) finden.

Unabhängig davon, ob Ihr Arbeitgeber Ihre Tätigkeit in einer Arbeitsplatzbeschreibung definiert hat oder nicht, gibt es Kriterien, wonach sich das Gehalt Ihrer Stelle richten sollte. Erfüllen Sie diese Kriterien, so spricht vieles dafür, dass Sie das Gehalt erhalten werden, das mit Ihrem Arbeitsplatz verbunden ist. Diese Darstellungen sind allerdings Durchschnittswerte des Marktes, unterliegen Schwankungen und sind nicht rechtlich verbindlich. Etwas anderes ist es, wenn es in Ihrem Unternehmen eine tarifliche Einordnung Ihrer Position gibt. Von den hier geltenden Bestimmungen kann Ihr Vorgesetzter nicht so ohne weiteres abweichen.

Gehen wir hier also einmal davon aus, dass es für Ihre Position keine (schriftliche) Arbeitsplatzbeschreibung gibt. Wie können Sie dann herausfinden, wie viel Gehalt Ihnen zusteht?

Kriterien für Ihr Gehalt

Die Kriterien, nach denen sich Ihr Gehalt bemisst, können (neben der Arbeitsplatzbeschreibung) die folgenden sein:

– Ihr Lebensalter
– Ihre beruflichen Qualifikationen
– Ihr Ausbildungsabschluss
– Ihre beruflichen Zusatzausbildungen
– die Branche, in der Sie tätig sind
– die Region, in der Sie arbeiten
– die Größe Ihres Unternehmens
– die Anzahl Ihrer Berufsjahre sowie
– die Anzahl der von Ihnen zu führenden Mitarbeiter

Anhand von Tabellen können Sie ablesen, was Ihre Arbeitskraft aktuell am Markt wert ist. Diese Übersichten finden Sie zum Beispiel in den jeweiligen Berufsverbänden, denen Sie angehören. Für den Telekommunikationsbereich sind Gehaltsübersichten bei der BITKOM in Berlin erhältlich. Die BITKOM ist das Sprachrohr der IT-, Telekommunikations- und Neue-Medien-Branche und vertritt mehr als 1.200 Unternehmen. Um in dieser Branche Transparenz zu schaffen, veröffentlicht die BITKOM regelmäßig Gehaltstabellen. Das wird es auch in Ihren Berufsverbänden geben. Darüber hinaus finden Sie auch in den Wochenendausgaben der FAZ oder Ihrer regionalen Zeitung (in Hamburg zum Beispiel das Hamburger Abendblatt) unter der Rubrik Karriere/ Stellenangebote immer wieder Gehaltsübersichten verschiedener Berufsfelder. Daneben gibt es Seiten von Unternehmensberatungen und Jobbörsen, die Ihnen einen kostenlosen Gehaltscheck online anbieten (*www.stepstone.de, www.hitec-consult.de, www.gehaltsvergleich.com*).

Erkundigen Sie sich also regelmäßig bei den regionalen und überregionalen Verbänden Ihrer Berufsgruppe nach Gehaltsübersichten und vergleichen Sie diese mit dem Angebot, das Ihnen Ihr Arbeitgeber offeriert. Eine weitere Möglichkeit ist es, Kollegen zu fragen, die in gleicher Position in anderen Unternehmen tätig sind. Jedoch ist hier Vorsicht geboten, weil das Gehalt vielleicht aufgrund der Größe oder des Standorts des Unternehmens nicht vergleichbar ist.

Es gibt also Anhaltspunkte, was Sie in einer gewissen Position in einem Unternehmen verdienen sollten – mit oder ohne schriftlicher Arbeitsplatzbeschreibung. Wie ist es Ihrem Arbeitgeber dann aber möglich, Ihre Qualifikation unter Marktwert einzukaufen?

Falsche Bezeichnung Ihrer beruflichen Tätigkeit

Um Sie günstiger zu beschäftigen, wendet Ihr Arbeitgeber den Trick an, die Position, die Sie bekleiden sollen, in der Arbeitsbeschreibung anders darzustellen als sie in der Realität aussieht: Er stellt Ihren Arbeitsplatz weniger hochkarätig dar, als er in Wirklichkeit ist. Aus einer Leitungsfunktion wird so zum Beispiel ein allgemeiner Manager-Posten. Ihre Mitarbeiterführung sowie Ihre Budgetverantwortung werden verschwiegen. Eine gängige Methode ist, dass Ihnen eine Position angeboten wird, in der Sie keine Führungs- und Strategieverantwortung haben, praktisch diese Aufgaben aber übernehmen. Eine auch so benannte Führungsposition ist aber höher dotiert, weil Sie Mitarbeiterverantwortung tragen.

Beispiel   **Herr Esche sucht eine neue berufliche Herausforderung**

Ein Süddeutsches Unternehmen sucht einen Mitarbeiter im Marketingbereich. Herr Esche, 35 Jahre alt, bewirbt sich auf diese Position. Im Vorstellungsgespräch wird ihm berichtet, dass er die Marketingarbeiten allgemein übernehmen soll und – da er als Quereinsteiger in diesem Bereich noch keine allzu große Berufserfahrung hat – dass es für ihn ein sehr gutes Lernfeld sei. Ihm wird das Gehalt eines Marketingmitarbeiters angeboten. Diese allgemeine Beschreibung findet sich auch in dem Entwurf seines Arbeitsvertrages wieder. Herr Esche freut sich über seinen neuen Arbeitsplatz und vertraut seinem Arbeitgeber.

Nachdem der Vertrag verhandelt ist, wird ihm eröffnet, dass es auch seine Aufgabe sei, Mitarbeiter in dem Bereich aufzubauen, das Team zu formen und eine neue Marketingstrategie zu erarbeiten. Dies – so die Vorgesetzten – müsse für ihn doch eine große Herausforderung darstellen.

Das sieht Herr Esche zwar grundsätzlich auch so, wundert sich aber über das geringe Gehalt. Nachdem er noch einmal nachgefragt hat, ob er dafür nicht gleich den Titel des Marketingleiters erhalten würde, teilt man Herrn Esche mit, dass es im Vergleich mit den anderen Abteilungen ungerecht wäre, ihm gleich einen Leitungstitel zu geben; man würde nun erst einmal die Probezeit abwarten und könne später noch einmal darüber sprechen.

Herr Esche lässt sich darauf ein, da er sich auf die neue berufliche Herausforderung sehr freut und davon ausgeht, dass ihm später automatisch der Leitungstitel übergeben und das Gehalt nach oben angepasst wird. Darauf wartet Herr Esche in den nächsten zwei Jahren vergeblich.

Was hätte Herr Esche tun können, um (von Anfang an) ein leistungsgerechtes Gehalt zu bekommen?

| Strategie 1 | **Gleich bei Einstellung ein adäquates Gehalt fordern** |

Herr Esche hätte schon im Einstellungsgespräch ein angemessenes Gehalt fordern sollen, spätestens nach der Information, dass er mehr und verantwortungsvollere Aufgaben übernehmen soll als ursprünglich vorgestellt. Sein Ziel hätte sein sollen, ein Gehalt zu bekommen, dass seine tatsächlichen Arbeitsaufgaben widerspiegelt – und nicht die im Vertrag genannten. Das Risiko für Herrn Esche wäre gewesen, dass sein potenzieller Arbeitgeber sich gegen ihn entscheidet. Wie hoch die Chancen hier sind, eingestellt zu werden, obwohl Sie ein adäquates Gehalt fordern, hängt ganz von dem Unternehmen ab. Es gibt Arbeitgeber, die es schätzen, dass Sie mitdenken und fordern. Deshalb sind sie bereit, Ihnen ein etwas höheres Gehalt zu zahlen. Die Praxis zeigt aber auch, dass viele sich in diesem Fall für einen Bewerber entscheiden, der zu günstigeren Konditionen einsteigt. Ob Sie mehr fordern oder nicht, hängt unter anderem davon ab, wie viele berufliche Alternativen Ihnen offen stehen. Je mehr Alternativen Sie haben, desto größer ist die Möglichkeit für Sie, bei dem Arbeitgeber das zu fordern, was marktgerecht ist. Sie sollten aber auch auf Ihr Bauchgefühl hören: Ist das ein Arbeitgeber, der Bewerber interessant findet, die verhandeln und für sich einstehen? Oder ist es einer, der es nicht duldet, dass Mitarbeiter mitdenken und fordern? Für welchen Arbeitgeber möchten Sie gern tätig sein?

Strategie 2

Bei der Einstellung niedriges Gehalt akzeptieren und schriftlich fixieren, dass nach der Probezeit eine Gehaltsanpassung erfolgt

Eine weitere Möglichkeit wäre, dass Herr Esche das ursprünglich zu niedrige Gehalt für die Probezeit akzeptiert, aber schon bei seiner Einstellung schriftlich fixieren lässt, dass das Gehalt nach Ablauf der Probezeit angehoben wird. Hier sollte dann auch schon ein konkreter Betrag genannt werden.

Auch hier besteht das Risiko, dass Ihr Arbeitgeber sich für einen anderen Kandidaten entscheidet, da Sie ihm zu fordernd sind. Meint er es allerdings wirklich ernst mit der Aussage, dass Ihr Gehalt angehoben wird, sobald Sie ihm Ihre gute Arbeitsleistung gezeigt haben, wird er sich auf diesen Zusatz im Vertrag einlassen. Und Sie zeigen ihm damit, dass Sie professionell verhandeln können. Lehnt er dagegen den Zusatz ab, so zeigt er Ihnen, dass er es nicht wirklich ernst damit meint, Sie zu einem späteren Zeitpunkt leistungsgerecht zu entlohnen. Dann ist es an Ihnen zu entscheiden, ob Sie in dem Unternehmen arbeiten möchten.

Strategie 3

Nach der Probezeit noch einmal verhandeln

Herr Esche kann auch erst nach Ablauf seiner Probezeit ein höheres Gehalt fordern. Der Vorteil dieser Strategie besteht darin, dass sein Arbeitgeber sich davon überzeugen konnte, dass er eine gute Arbeit geleistet hat und zum Unternehmen passt. Der Nachteil ist allerdings, dass nichts Schriftliches fixiert ist und der Arbeitgeber von Herrn Esche argumentieren könnte, dass die Gehaltsanpassung zwar erfolgen wird, aber der Zeitpunkt noch nicht gekommen sei.

Natürlich können Sie sich dann entscheiden, das Unternehmen zu verlassen. Dabei ist aber zu beachten, dass es in Ihrem Lebenslauf keinen guten Eindruck macht, wenn Sie schon nach drei bis sechs Monaten die Firma wechseln.

Der Arbeitgeber wird seine Versprechungen, das Gehalt zu einem späteren Zeitpunkt anzupassen, in vielen Fällen nicht einlösen. Es wird immer wieder gute Gründe geben, warum der Zeitpunkt nicht der richtige ist. Es liegt an Ihnen, konkret den Zeitpunkt und die Höhe der Gehaltsanpassung anzusprechen und schriftlich fixieren zu lassen. Sonst wird Ihr Arbeitgeber immer wieder gute Gründe finden, die Gehaltsanpassung zu verzögern oder abzulehnen.

Beispiel   **Frau Lange sucht eine neue Herausforderung im Vertrieb**

Frau Lange bewirbt sich auf eine Vertriebstätigkeit in einem Berliner Unternehmen. In dem Unternehmen wird ihr im Vorstellungsgespräch dargelegt, dass sie für diese Tätigkeit noch nicht ausreichend qualifiziert sei. Um das noch nicht vorhandene Know-how zu erwerben, biete man ihr aber an, ein sechsmonatiges kostenloses Praktikum im Unternehmen zu absolvieren. Aufgabe von Frau Lange wäre es, neue Kunden zu aquirieren, Angebote zu entwerfen sowie mit potentiellen Kunden zu verhandeln.

Frau Lange fragt nach einer Vergütung und man sagt ihr, dass das Praktikum nicht bezahlt würde, sie aber dafür von Mitarbeitern eingearbeitet würde. Dies sei eine Investition in sie und ein Zeichen dafür, dass man an sie glaube, und für sie eine große Chance. Nach Ablauf der sechs Monate hätte sie dann die besten Voraussetzungen, in dem Unternehmen im Vertrieb zu arbeiten. Es gäbe zahlreiche Bewerber, die dieses Angebot sofort annehmen würden.

Was kann Frau Lange tun, um einen besseren Vertrag auszuhandeln?

Strategie 1   **Das Angebot akzeptieren und weiteres (Fach)Wissen erwerben**

Im Fall von Frau Lange kommt es darauf an, wie viele Alternativen ihr auf dem Markt zur Verfügung stehen. Je weniger Wahlmöglichkeiten sie hat, desto gefährlicher ist es, weitere Forderungen zu stellen, denn das Berliner Unternehmen befindet sich in einer stärkeren Position. Wenn Frau Lange keine weiteren beruflichen Perspektiven hat, kann es für sie in diesem Fall die beste Lösung sein, das Angebot zu akzeptieren und in dieser Zeit möglichst viel Wissen zu erwerben, mit dem sie auf dem Markt punkten kann. Selbst wenn sie einige Monate kostenlos gearbeitet hat, kann sie in der nächsten Bewerbung weitere Qualifikationen anbieten.

Strategie 2   **Eine Provision im Erfolgsfall verhandeln**

Möglich wäre auch, dass Frau Lange eine Provision verhandelt, die nur im Erfolgsfall gezahlt wird. Vielleicht akquiriert Frau Lange bereits in den ersten Wochen neue Kunden, die dem Unternehmen mehr Umsatz bringen. In diesem Fall könnte die Firma sich bereit erklären, eine Provision an Frau Lange zu zahlen. Das Risiko dabei ist natürlich, dass die Firma sich gegen Frau Lange entscheidet, wenn es viele andere Bewerber gibt, die dieses Praktikum ohne Provision absolvieren würden.

| Strategie 3 | **Andere Incentives als Entlohnung verhandeln** |

Andere Incentives als Entlohnung verhandeln
Möglich wäre auch, dass Frau Lange zwar kein Gehalt, aber dafür eine andere Art von Incentives verhandelt. Dies können zum Beispiel flexible Arbeitszeiten, kostenloser Kantinenbesuch, Übernahme der Fahrtkosten, ein qualifiziertes Zeugnis nach dem Praktikum und die Möglichkeit, an einer Netzwerkveranstaltung der Firma teilzunehmen, sein. Ein Praktikumszeugnis sollten Sie im Normalfall zwar sowieso bekommen, allerdings kann der Arbeitnehmer zwischen einem einfachen und qualifizierten Zeugnis wählen – und ohne Nachfrage stellt nicht jeder Arbeitgeber ein qualifiziertes Zeugnis aus, da es mehr Arbeit macht. Deshalb sollten Sie ganz gezielt ein qualifiziertes Zeugnis verlangen.

Viele Unternehmen und Arbeitgeber sind bereit, etwas anderes als einen Geldbetrag als Entlohnung anzubieten, sind aber nicht kreativ genug, es dem Mitarbeiter anzubieten.

Selbst wenn Sie erkannt hätten, dass Sie bei diesen beiden Beispielen für eine »falsche« Tätigkeit eingestellt worden wären, hätten Sie mangels Alternativen vielleicht dennoch den Vertrag angenommen.

Es gibt zahlreiche Fälle, in denen nicht so klar erkennbar ist, ob die Beschreibung des Arbeitsplatzes sich auch mit dem tatsächlichen Arbeitsfeld deckt – was tun Sie dann?

Ausführliche Beschreibung der Aufgaben
Da Sie bei der Einstellung meistens noch keinen vollständigen Überblick haben, wie das Unternehmen aufgebaut ist, ist es für Sie schwierig zu bewerten, ob die Position und der Titel für Ihre Aufgabe angemessen sind. Ich möchte Sie an dieser Stelle nicht ermutigen, generell alles in Frage zu stellen, was der Arbeitgeber Ihnen erzählt, denn das kann dazu führen, dass Ihr Misstrauen einem Arbeitgeber gilt, der Sie leistungsgerecht bezahlen möchte.

- Lassen Sie sich beschreiben, welche Aufgaben Sie übernehmen sollen.
- Fragen Sie ganz konkret die Aufgaben ab, die für Sie vorgesehen sind.
- Sollen Sie eine Abteilung aufbauen und leiten?
- Sind Sie Mitarbeiter mit oder ohne Führungsverantwortung?
- Verfügen Sie über ein eigenes Budget und tragen Sie Umsatzverant-wortung?
- Welchen Titel hat Ihr Vorgänger getragen, dessen Position Sie über-nehmen?
- Wie wird Ihre Position üblicherweise in anderen Firmen betitelt?

Das Organigramm des Unternehmens

Eine weitere Möglichkeit, zu überprüfen, ob Sie adäquat bezahlt wer-den, ist, sich das Organigramm des Unternehmens anzusehen, für das Sie arbeiten möchten oder schon tätig sind.

Ein Organigramm ist die grafische Darstellung der Aufbauorganisa-tion Ihres Unternehmens, oder einfacher ausgedrückt: die Landkarte Ihrer Firma. Folgende Informationen kann man daraus entnehmen:

- Personelle Besetzung (Stellen, Abteilungen, Stäbe)
- Verteilung betrieblicher Aufgaben auf Stellen und Abteilungen
- Hierarchische Struktur der Aufbau- bzw. Leitungsorganisation und der Weisungsbeziehungen

Grafisch sieht ein Organigramm
zum Beispiel folgendermaßen aus:

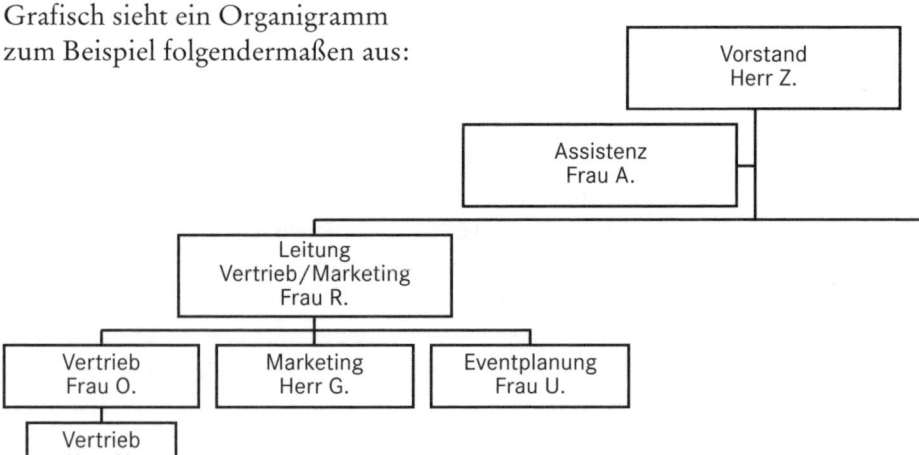

Hieraus ist ersichtlich: Es gibt im Unternehmen einen Vorstand, Herrn Z. Herr Z. wird von seiner Assistentin, Frau A., unterstützt. Disziplinarisch sind Herrn Z. drei Mitarbeiter untergeordnet, Frau R, Frau W. und Herr E. Die drei zuletzt genannten stehen dagegen in einer kollegialen Beziehung zueinander. Das heißt, keiner der Drei kann den anderen Kollegen eine Weisung erteilen. Das bleibt alleine Herrn Z. vorbehalten. Frau R. führt darüber hinaus vier Mitarbeiter, davon drei direkt und einen (Herrn H.) indirekt. Alle vier sind wiederum von ihren Weisungen abhängig. Auch Herr W. führt drei Mitarbeiter direkt und eine Mitarbeiterin (Frau R.) indirekt. Herr E. ist für nur einen Mitarbeiter verantwortlich. Herr Z. bildet alleine die erste Managementebene, Frau R., Herr W. und Herr E. die zweite Ebene. Der Vorstand bedient sich zur Delegation von Aufgaben direkt der zweiten Managementebene, kann Anweisungen aber auch direkt an Mitarbeiter darunter geben. Dies stellt zwar eine Verletzung der Struktur des Organigramms dar, ist rechtlich und operativ aber gültig. Frau A., als Assistentin von Herrn Z., hat disziplinarisch im Regelfall keine Rechte. Jedoch wird sie regelmäßig als umsetzendes Organ von Herrn Z. auftreten und dessen Anweisungen weitergeben. Insofern kommt ihr im Organigramm eine bedeutende Rolle zu.

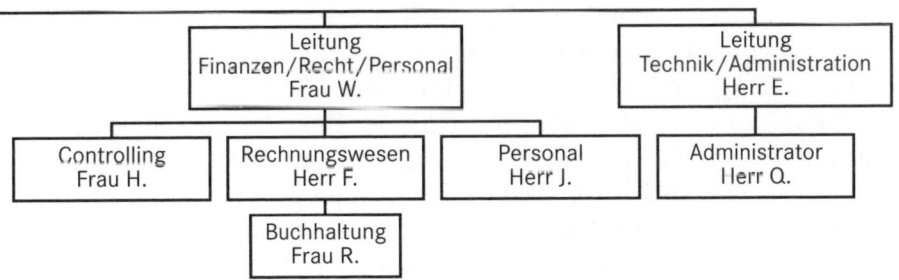

Wie kommen Sie an das Organigramm Ihres Unternehmens?

Es gibt Arbeitgeber, die großen Wert darauf legen, das Organigramm ihres Unternehmens an die Mitarbeiter zu verteilen. Wieder andere versuchen, es nicht öffentlich zu machen. Die Gründe dafür stelle ich an späterer Stelle dar.

Wenn Sie bereits Mitarbeiter sind, finden Sie das Organigramm zum Beispiel im Intranet Ihrer Firma. Sie können auch einen Kollegen danach fragen. Alle Führungskräfte und insbesondere die Rechtsabteilung sollten über diese Art der Darstellung verfügen.

Wenn Sie sich gerade in einem Unternehmen neu vorstellen, ist es schwieriger, an das Organigramm zu kommen. Im öffentlichen Internet befindet sich nur selten die Darstellung des Unternehmensaufbaus. Vielleicht kennen Sie aber einen Kollegen oder Freund, der in dem Unternehmen arbeitet, und können ihn danach fragen.

Eine weitere Möglichkeit ist es, das Organigramm im Vorstellungsgespräch anzusprechen. Hier sollten Sie aber vorsichtig sein. Nicht alle Arbeitgeber sehen es als höflichen Akt an, dass Sie als Bewerber so etwas wissen möchten. Denn das Organigramm des Unternehmens enthält wesentliche Informationen, die viele Firmen nicht gerne mit anderen teilen.

Durch Fragen über Ihren (zukünftigen) Aufgabenbereich haben Sie auf indirekte Weise die Möglichkeit, etwas über den Firmenaufbau zu erfahren. Sie könnten die Frage stellen, welchen Abteilungen Sie zuarbeiten sollen und wer Ihnen über- und gleichgeordnet ist. Dafür könnten Sie auf einem Stück Papier kurz skizzieren, wie Sie die Situation verstanden haben und dann den Arbeitgeber bitten, das Organigramm zu überprüfen. Dieses Vorgehen gelingt meistens sehr gut, da Ihr Chef nicht das Gefühl bekommt, Unterlagen an Sie herauszugeben, sondern mit Ihnen gemeinsam eine Situation skizziert, um Ihnen Ihren Aufgabenbereich verständlicher darzustellen.

Für Sie ist es wichtig, das Organigramm zu kennen, damit Sie sich mit Ihrem Tätigkeitsbereich besser in Ihr Unternehmenssystem einordnen. Sie sollten vergleichen können, ob Sie mit Ihrer Aufgabe eine Position ausfüllen, die sich klar in das Unternehmen einordnen lässt und die entsprechend bezahlt wird. Wenn nicht, sollten Sie dies schon beim Einstellungsgespräch ansprechen.

Die Erfahrung zeigt, dass es für Sie schwer sein wird – einmal im

Unternehmen unter einer gewissen Bezeichnung gestartet – für die gleiche Tätigkeit einen anderen Titel zu bekommen. Schließlich würde die andere Bezeichnung im Zweifelsfall ein höheres Gehalt mit sich bringen, was Ihr Arbeitgeber jedoch nicht zu zahlen bereit ist (sonst hätte er es Ihnen schon bei Ihrer Einstellung angeboten).

Grundsätzlich ist – auch wenn der Arbeitgeber diese Information nicht gerne herausgibt – die Frage nach einem Organigramm nicht unverschämt – ganz im Gegenteil, sie zeigt, dass Sie an dem Unternehmen interessiert sind und es ganz genau wissen wollen. Jeder Arbeitgeber, der wirklich Interesse an Ihnen hat, wird sich über Ihre genauen Fragen freuen. Firmen, die Sie ausnutzen möchten, werden das weniger zu schätzen wissen, da Sie nicht zu mündig sein sollen. Schon hier zeigt sich, ob Sie bei dem richtigen Unternehmen gelandet sind.

Interne Unternehmensinformation einholen

Wenn Sie die Möglichkeit haben, sollten Sie sich vor dem Bewerbungsgespräch bei anderen Mitarbeitern des Unternehmens erkundigen, wie dort mit leistungsgerechter Bezahlung umgegangen wird und ob Versprechungen auch eingehalten werden.

Sie sollten auch mit Mitarbeitern reden, die früher einmal für das Unternehmen gearbeitet haben. Diese haben mittlerweile wieder einen objektiven Blick und können Vergleiche anstellen. Wie fair und vertrauenswürdig sind Versprechungen der Firma im Vergleich mit anderen?

Wenn Sie keine Möglichkeit haben, direkt mit (früheren) Mitarbeitern des Unternehmens in Kontakt zu treten, versuchen Sie es auf indirektem Weg. Vielleicht kennt ein alter Studien- oder Arbeitskollege von Ihnen den einen oder anderen Mitarbeiter in der Firma. In dem virtuellen Netzwerk XING können Sie nach ehemaligen Mitarbeitern suchen oder den Unternehmensnamen eingeben. So erhalten Sie eine Auflistung der aktuellen Mitarbeiter (die bei XING registriert sind). Dort können Sie erkennen, welchen Werdegang Ihnen bekannte Personen gemacht haben und mit wem sie in Kontakt stehen. Vielleicht sind Sie auch Mitglied in einem Business Netzwerk und treffen dort auf Personen, die bei Ihrem Arbeitgeber früher beschäftigt waren. Auch so können Sie sich informieren.

Bei all diesen Recherchen und Auskünften sollten Sie jedoch nicht vergessen, dass alle Informationen von individuellen Sichtweisen geprägt sind. Jeder Mitarbeiter erlebt das Klima und das Thema »gerechte Behandlung« im Unternehmen anders. Besonders ausgeschiedene Angestellte neigen dazu, ihre eventuell vorhandene Frustration und Enttäuschung zu generalisieren und den Arbeitgeber als Täter darzustellen. Achten Sie also genau darauf, wie differenziert Ihr Gegenüber Auskünfte auf Ihre Fragen über das Unternehmen erteilt – und welche individuellen Probleme er mit dem Arbeitgeber hatte.

Wenn Sie diese Punkte beachten, sind Sie gut auf das Vorstellungsgespräch und die Gehaltsverhandlungen vorbereitet, und die Gefahr, sich auf eine Position einzulassen, deren Beschreibung, Inhalt und Bezahlung nicht zueinander passen, verringert sich sehr.

Lassen Sie sich beim Einstellungsgespräch ausführlich Ihre zukünftigen Aufgaben beschreiben und vergleichen Sie diese mit der Beschreibung in Ihrem Arbeitsvertrag. Studieren Sie das Organigramm des Unternehmens und achten Sie darauf, dass Ihre Position dort richtig eingeordnet ist. Bei Zweifeln holen Sie sich Informationen von (früheren) Mitarbeitern über die Firma ein.

Versprechen, die Ihnen Ihr Arbeitgeber für die nächsten Monate gegeben hat, sollten Sie immer schriftlich fixieren und unterschreiben lassen. Gehen Sie nicht mit mündlichen Versprechungen aus dem Raum – im Zweifelsfall werden diese niemals umgesetzt werden. Das gilt sowohl im Einstellungsgespräch als auch zum späteren Zeitpunkt Ihrer Betriebszugehörigkeit.

Auch bei späteren, angeblichen Beförderungen sollten Sie darauf achten, dass Ihr Aufgabenbereich richtig eingeordnet wird und Sie eine adäquate Bezahlung dafür erhalten. Warten Sie mit der (Nach)Verhandlung nicht zu lange. Es wird immer schwieriger werden, nachträglich die aktuelle Position neu und höher bewerten zu lassen.

Firmenbeteiligung als variabler Gehaltsanteil

Sie gehen in Ihr Vorstellungsgespräch mit einer genauen Vorstellung davon, was Sie verdienen möchten. Zuvor haben Sie Erkundigungen eingeholt, was Sie für Ihre Arbeitsleistung fordern können. Nun sitzen Sie Ihrem potenziellen Arbeitgeber gegenüber und es ist alles vollkommen anders, als Sie es sich vorgestellt haben. Ihr Gesprächspartner schildert in den schillernsten Farben, was er alles mit dem Unternehmen vorhat, in dem Sie mitarbeiten möchten. Das Unternehmen möchte expandieren, Marktführer werden, in den chinesischen Markt einsteigen, eine Filiale in Dubai gründen. Alles Visionen, die oftmals von Firmen genannt werden. Und Sie sollen dabei sein!

Dieses Unternehmen verdient, so scheint es, nur einen Namen: Erfolg! Bekommt man als Mitarbeiter tatsächlich die Chance, etwas mitzugestalten und eigene Qualitäten einzubringen? Es gilt aber, zunächst einen Vertrag miteinander auszuhandeln. Bei den Verhandlungen gelangen Sie dann zu den Konditionen. In vielen Fällen ist es das Ziel Ihres Arbeitgebers, Sie kostengünstig zu beschäftigen.

Es gibt einen weiteren Trick, den Sie in punkto Gehalt kennen sollten: Ein Teil Ihres Gehaltes wird Ihnen in Form von Aktien, Wandelschuldverschreibungen oder durch die Übertragung von Firmenanteilen gezahlt. Es steht die Frage im Raum, was Sie verdienen werden. Ihr Arbeitgeber wird Ihnen deutlich machen, dass es für Sie eine einmalige Chance ist, in diesem Unternehmen mitzuwirken und Sie sich über Ihre finanzielle Zukunft keine Gedanken mehr machen müssen (wenn Sie die Aktien in Geld umgewandelt oder Ihre Firmenbestandteile veräußert haben). Ihr Anfangsgehalt wird zwar klein sein, aber die Möglichkeit, über Firmenbestandteile mitzuverdienen, wird dies schnell aufwerten.

Aktienoption

Als Inhaber einer Aktienoption sind Sie berechtigt, eine bestimmte Anzahl von Aktien (eines Unternehmens) zu einem fest definierten Preis innerhalb eines bestimmten Zeitraums oder zu einem bestimmten Zeitpunkt zu erwerben.

Wandelschuldverschreibung

Manche Unternehmen schenken ihren Mitarbeitern bei Firmeneinstieg ein Stück Papier, das sie während eines festgelegten Zeitraumes in Aktien umwandeln dürfen. Dieses Papier nennt man Wandelschuldverschreibung oder Wandelanleihe. Allgemeiner gesprochen: Sie erhalten beim Einstieg in Ihre Firma – oder zu einem späteren Zeitpunkt Ihrer Beschäftigung – ein Stück Papier, das Ihnen einen Firmenbestandteil in Form von Aktien sichert und das Sie nach einer definierten Zeit (meistens drei bis fünf Jahre) in Geld umwandeln können. Das rechnet sich für Sie natürlich nur dann, wenn die Aktien Ihrer Firma zu dem Zeitpunkt, in dem Sie das Papier gegen Geld einlösen, einen höheren Wert als zum Zeitpunkt des Erwerbs haben. Liegt der Wert der Aktie, die Sie in Geld wandeln wollen, zum Zeitpunkt des Tausches unter dem Ausgabewert, dann gehen Sie leer aus.

Vielleicht stellt man Ihnen in Aussicht, schnell viel Geld durch eine Beteiligung am Unternehmen verdienen zu können. Das ist verlockend, denn Sie müssen nichts investieren und müssen keine Risiken eingehen. Auch der Wunsch nach Sicherheit und Kontinuität wird befriedigt. Ihr (Fest)Gehalt ist zwar nicht gerade das Höchste, aber wer kümmert sich schon darum, wenn er bald einen großen Gewinn mit dem Verkauf von Firmenbestandteilen erzielen wird …?

Vom Mitarbeiter zum Millionär?

Sie werden an »Ihrem« Unternehmen entweder über Aktienoptionen, Wandelschuldverschreibungen oder über Gesellschafteranteile beteiligt, je nachdem, in welcher rechtlichen Form die Firma aufgestellt ist. Es gibt Menschen, die in solchen Situationen so euphorisch sind, dass sie die Höhe des (Fest)Gehaltes nicht wirklich ernst nehmen. Sie sind vielleicht noch so sehr von den geschilderten Visionen des potenziellen Arbeitgebers und den Möglichkeiten des Unternehmens beeindruckt, dass sie das geringe Festgehalt akzeptieren. Reich werden sie dann über die Firmenbestandteile – denken sie. Das kann auch nach jahrelanger Tätigkeit in dem Unternehmen geschehen. Vielleicht fordert der Mitarbeiter nach einigen Jahren eine Gehaltserhöhung, die längst fällig ist, und der Arbeitgeber bietet ihm statt Bargeld einen prozentualen Firmenbestandteil an. Der ist zum Zeitpunkt der Übertragung zwar nichts wert, eine entsprechende Wertsteigerung wird aber vorausgesagt.

Was ist der Trick Ihres Arbeitgebers?
Ist das nicht eine faire Sache?

Warum ist das ein Trick Ihres Arbeitgebers? Ihnen wird doch in Aussicht gestellt, zukünftig ein Vielfaches von dem anderer Mitarbeiter in anderen Unternehmen verdienen zu können. Und Sie können sich gleichzeitig in Sicherheit wähnen und trotzdem am Gewinn beteiligt sein. Dafür nimmt so mancher Arbeitnehmer ein unterdurchschnittliches Festgehalt in Kauf.

Wenn sich Ihre Firma tatsächlich in die beschworene Richtung entwickelt, dann ist es allerdings kein Trick. Und wenn Ihr Vorgesetzter auch tatsächlich an seine Visionen, den rasanten Wachstum und die Kurssteigerung glaubt, dann mag das auch alles fair sein.

Die Erfahrung zeigt aber, dass das in Aussicht gestellte »große Geld« in den meisten Fällen nicht fließen wird und der Arbeitgeber das bei seinen Ausführungen auch schon genau weiß – und vorsätzlich falsch darstellt. Entweder entwickelt sich die Firma nicht so, wie es geschildert wurde, oder der Vorgesetzte wechselt selbst nach nur kurzer Zeit das Unternehmen – der neue Chef managt die Firma nach anderen Maßstäben.

Zurück bleiben Sie – mit einem unterdurchschnittlichen Festgehalt und gegebenenfalls vielen Überstunden. Einer allerdings wird das Unternehmen mit großer Wahrscheinlichkeit dennoch mit einem hohen Gewinn oder einer Abfindung verlassen: der Vorgesetzte. Denn er hatte einen ganz anderen Vertrag und konnte seine Firmenbestandteile zu anderen Konditionen und zu einem anderen Zeitpunkt verkaufen.

Beispiel | **Herr Bleck auf seinem Weg zum Millionär?**

Herr Bleck, 30 Jahre alt, bewirbt sich nach seinem abgeschlossenen Studium der Betriebswirtschaftslehre bei einem Telekommunikationsanbieter. Das börsennotierte Unternehmen sucht Unterstützung im Bereich Controlling. Herr Bleck hat von einigen Bekannten gehört, dass man in diesem Unternehmen schnell viel Geld verdienen kann. Die ersten Mitarbeiter sollen heute Millionäre sein. Ganz genau weiß Herr Bleck das zwar nicht, aber er fragt auch nicht nach. Die Illusion, er könnte bei dem gleichen Unternehmen genauso viel Erfolg haben, möchte er sich nicht nehmen lassen; zu viel Realität zerstört nur die Träume.

Herr Bleck kann es kaum abwarten, diese Chance zu ergreifen und geht hoch motiviert in das Vorstellungsgespräch. Er hat gehört, dass das durchschnittliche Gehalt für die ausgeschriebene Position bei 35.000 Euro liegt

Herr Bleck führt das Einstellungsgespräch mit dem Finanzvorstand. Das Gespräch läuft gut, der Vorstand schildert in den schillernsten Farben, wie das Unternehmen in den nächsten Jahren expandieren wird. Er deutet an, wie positiv sich die Aktie entwickeln wird. Herr Bleck soll wie alle Mitarbeiter Aktienoptionen erhalten – 2000 Stück. Herr Bleck rechnet nach den Schilderungen des Vorstandes kurz aus, wie viel Geld er verdienen wird, wenn sich der Aktienwert so positiv entwickelt, wie der Vorstand es schildert. Schnell kommt er auf eine Summe von 700.000 Euro. Herrn Bleck wird beim Gedanken an diese hohe Summe schwindelig und ihm ist klar: In diesem Unternehmen muss er unbedingt arbeiten. Er überhört fast, als der Finanzvorstand ihm sein Gehalt nennt: 2.500 Euro Außerdem würde er 2000 Aktien zum jetzigen Wert erhalten. Der Vorstand schildert die Entwicklung des Gehaltes der Gründungsmitglieder – diese seien heute tatsächlich Millionäre. Herr Bleck fühlt sich in seiner Vorstellung bestätigt.

Herr Bleck nimmt das Angebot an. Das Gehalt ist für ihn nicht entscheidend, denn ihm schwirren die 700.000 Euro im Kopf herum, die er in drei Jahren (dann darf er die Aktien einlösen) verdienen wird – praktisch, ohne groß zu investieren. Drei Jahre wird er seine gesamte Energie in die Arbeit investieren, dann die 700.000 Euro nehmen und erst einmal eine Weltreise machen. Herr Bleck unterschreibt den Vertrag und ist begeistert.

Nach einigen Monaten im Unternehmen und unzähligen Überstunden stellt Herr Bleck fest, dass die geschilderten Expansionen des Vorstandes nicht vorgenommen werden und der Börsenkurs des Unternehmens sich eher nach unten als nach oben entwickelt. Herr Bleck beobachtet, dass er mittlerweile mehr damit beschäftigt ist, den aktuellen Kurs des Unternehmens in »Börse online« zu verfolgen als zu arbeiten. Der Kursverfall der Aktie macht ihm schwer zu schaffen, seine Motivation sinkt. Das unterdurchschnittliche Gehalt am Monatsende tut ein Weiteres dazu. Und Herr Bleck fängt allmählich an zu zweifeln, ob die 700.000 Euro tatsächlich zu realisieren sind.

Was hätten Sie als Herr Bleck anders gemacht?

Strategie 1	**Den Vertrag unterschreiben und auf das Glück warten**

Wenn Sie an das Unternehmen und die Entwicklung glauben und Ihnen klar ist, dass Aktienkurse nicht berechenbar sind (egal, was Ihr Arbeitgeber Ihnen erzählt) und Sie mit dem Festgehalt monatlich gut auskommen, dann ist es eine Option, den Vertrag so zu akzeptieren. Allerdings sollten Sie berücksichtigen, dass Sie Geld aufs Spiel setzen (denn andernfalls hätten Sie ein höheres Festgehalt) und nicht wissen, ob Ihr Einsatz irgendwann einmal zurückkommt und Gewinn abwirft.

Strategie 2	**Ein höheres Festgehalt verhandeln und auf Optionen verzichten**

Ist Ihnen dieses Vorgehen zu riskant oder benötigen Sie monatlich das Geld, das Sie umgerechnet irgendwann vielleicht als Aktiengewinn ausgezahlt bekommen? Dann sollten Sie versuchen, ein höheres Festgehalt zu verhandeln und auf die Aktienoption verzichten. Auch hier stellt sich wieder die Frage, wie viele Alternativen Sie zu diesem Job haben. Es kann sein, dass das Modell Ihres Arbeitgebers nur vorsieht, ein kleines Fixgehalt plus Aktienoptionen zu zahlen. Entweder Sie nehmen das an, oder ein anderer Bewerber wird Ihre Stelle bekleiden. Das hängt sicher auch davon ab, wie wichtig Sie dem Arbeitgeber mit Ihren Qualifikationen sind. Sind diese austauschbar, haben Sie weniger Verhandlungsspielraum als umgekehrt.

Dieses Beispiel ist klassisch für junge, börsennotierte Unternehmen. Vorstände werben mit Visionen und Kurswerten, die sich in den meisten Fällen nicht realisieren lassen. Tatsache ist, dass viele Mitarbeiter nach einigen Monaten der Euphorie bemerken, dass der Aktienkurs ihres Unternehmens weniger mit ihrem Engagement und guten Erträgen des Unternehmens zu tun hat, sondern vielmehr von vielen nicht berechenbaren psychologischen Gründen und externen Faktoren abhängt. Das führt bei den Mitarbeitern zu einer hohen Frustration, die sich wiederum negativ auf die Arbeitsergebnisse auswirkt. Nur die wenigsten Mitarbeiter werden durch ihr Unternehmen zu vermögenden Menschen, geschweige denn zu Millionären. In den meisten Fällen verlassen sie nach zwei bis drei Jahren die Firma, in der sie viel gearbeitet, aber wenig verdient haben. Und aus ist der Traum von den Millionen – aber schön wäre es gewesen!

Wie hat sich diese Methode entwickelt?

Seit jeher beteiligen Unternehmen Mitarbeiter am Unternehmenswert. Und je nach Höhe des Festgehaltes kann ein zusätzlicher Bonus über Aktienoptionen auch seriös sein. Es hängt meiner Ansicht nach davon ab, wie das Verhältnis des Festgehaltes zu den Prozenten des Gehaltes über Firmenbestandteile ist und außerdem davon, wie stabil ein Unternehmen am Markt platziert ist.

Diese Form von Gehaltsbestandteilen ist in Deutschland durch die Entstehung des sogenannten Neuen Marktes sehr populär geworden. Das erste deutsche Unternehmen am Neuen Markt, die MobilCom AG, hat es vorgemacht. Die Mitarbeiter, die früh ins Unternehmen eingestiegen sind, erhielten Wandelschuldverschreibungen und sind heute tatsächlich Millionäre. Sie haben jahrelang für ein kleines Gehalt gearbeitet und zitternd den Aktienkurs verfolgt, aber am Ende gewonnen. Kein Wunder also, dass sich viele andere Unternehmen dieser Erfolgsstory zu ihren Zwecken bedienen. Ihr Versprechen lautet: Arbeite bei uns für ein kleines Gehalt, mache die Firma groß und erfolgreich – und du wirst in nur einigen Jahren reich, vielleicht sogar Millionär sein. Verbinde so dein Bedürfnis nach Sicherheit mit dem Unternehmerdasein.

Ein Arbeitsplatz in einem Unternehmen des Neuen Marktes wurde in den 90er Jahren mit Reichtum gleichgesetzt, da man davon ausging, die Mitarbeiter würden sicher durch Firmenanteile reich werden. Deshalb wurden die Mitarbeiter unterdurchschnittlich bezahlt, und wer ein marktgerechtes Gehalt haben wollte, musste gehen. Nachdem die Vorstellung vieler Menschen davon, man könne mit Internet-Unternehmen leicht und schnell viel Geld verdienen, durch die weniger erfolgreiche Realität eines Besseren belehrt wurde, wurden die Angestellten allerdings skeptischer. In vielen Firmen wird aber heute immer noch versucht, Mitarbeiter durch die Beteiligung am Unternehmen kostengünstig zu beschäftigen.

Wie können Sie sich verhalten?

Machen Sie sich bei der Einstellung darüber Gedanken, was Sie verdienen möchten (und auch müssen, um Ihr Leben zu finanzieren). Seien Sie sich klar darüber, dass Aktienoptionen und Firmenbestandteile für Sie ein attraktiver, zusätzlicher Bonus sein können. Es ist jedoch auch gut möglich, dass sich der Firmenwert in der Zeit, in der Sie im Unternehmen sind, nicht nach oben entwickelt und Sie keinen Bonus erhalten werden. Erkundigen Sie sich, wie lange Sie in dem Unternehmen tätig sein müssen, um eine Bonuszahlung über Aktien realisieren zu können. In vielen Firmen müssen Sie mindestens drei Jahre Mitarbeiter sein. Scheiden Sie vor dieser Zeit aus, erhalten Sie nichts.

Das monatliche, feste Gehalt sollte für Sie akzeptabel sein. Ein eventueller Bonus zum Beispiel über Aktien kann ein Plus sein, sollte von Ihnen aber keinesfalls zu dem festen Gehalt addiert werden. Letztlich sollten Sie auch überprüfen, was für ein Typ Arbeitnehmer Sie sind. Lieben Sie das Risiko oder sind Sie eher sicherheitsorientiert? Im letzteren Fall ist eine Gehaltszahlung über Unternehmensbestandteile für Sie nur interessant, wenn Sie trotzdem ein angemessenes Festgehalt erhalten und Sie in einem etablierten Unternehmen arbeiten, das regelmäßig seinen Firmenwert erhöht.

Differenzieren Sie auch, welches Unternehmen Ihnen Firmenbestandteile anbietet – ist es ein junges, noch unbekanntes Unternehmen oder ein Konzern, der weilweit aktiv ist? Gibt es Erfahrungswerte im Unternehmen, wie die Firmenbestandteile sich in den letzten Jahren entwickelt haben? Auch große Konzerne locken seit Jahren mit Firmenanteilen für Mitarbeiter – diese entwickeln sich meistens eher moderat. Sie werden kein Millionär werden, aber auch nicht alles verlieren. Das kann bei Firmenanteilen kleinerer Unternehmen vollkommen anders sein. Vom Millionär bis zu überhaupt keinem Gewinn ist alles möglich. Fragen Sie sich also: Welcher Typ bin ich – lebe ich mit dem Risiko oder liebe ich es moderater?

Firmenbestandteile wie z. B. Aktienoptionen oder Wandelschuldverschreibungen sind ein attraktiver Bonus. Rechnen Sie diesen möglichen Gewinn aber nie in Ihr Festgehalt mit ein – oft ist er nicht zu realisieren. Die Höhe Ihres Festgehaltes muss für sich so attraktiv sein, dass Sie dem Unternehmen gerne Ihre Arbeitskraft zur Verfügung stellen. Aktienmillionäre werden die wenigsten Mitarbeiter.

Befristete Arbeitsverträge

Ein Grundbedürfnis von Ihnen wird bestimmt sein, einen sicheren Arbeitsplatz zu haben. Sicherheit bedeutet in diesem Zusammenhang, einen unbefristeten Vertrag in den Händen zu halten und in einem Unternehmen zu arbeiten, das Ihnen Zukunft verspricht.

Das Ziel des Arbeitgebers: Flexibilität

Ihr Arbeitgeber hat zu der Arbeitnehmer-Sicherheit durch unbefristete Verträge eine andere Einstellung und er verfolgt ein anderes Ziel. Ihm geht es in erster Linie darum, qualifizierte Mitarbeiter und eine ausreichende Anzahl von Mitarbeitern zu dem Zeitpunkt im Unternehmen zu beschäftigen, in dem es das Geschäft erfordert. In Zeiten, in denen die Auftragslage zurückgeht, wird er darauf achten, Personalkosten zu senken. Das tut er, indem er diejenigen entlässt, die er gerade nicht benötigt. Denn Mitarbeiter – und in diesem Zusammenhang die relativ hohen Lohnnebenkosten in Deutschland – stellen für die meisten Unternehmen den höchsten Fixbetrag im Monat dar, den sie zahlen müssen.

In vielen Unternehmen herrscht mittlerweile ein Fachkräftemangel, und die Firmen sind damit beschäftigt, Bindungsprogramme für Arbeitnehmer zu erarbeiten und zu etablieren. Aber auch hier wünscht sich Ihr Arbeitgeber eine flexible Gestaltung der Arbeitsverträge. Er ist aufgrund des generellen Fachkräftemangels auf dem Markt aber bereit, größere Zugeständnisse zu machen.

Die oben beschriebene gewünschte Flexibilität Ihres Arbeitgebers ist im Arbeitsgesetz in dieser Form nicht vorgesehen. Haben Sie die Probezeit von sechs Monaten erfolgreich überstanden, so sind Sie unbefristet in dem Unternehmen angestellt. Die Kündigung eines unbefristeten Arbeitsverhältnisses ist dann nur aus besonderen Gründen möglich und gerichtlich schwer durchsetzbar. Die deutschen Arbeitsgerichte sind tendenziell eher arbeitnehmerfreundlich eingestellt. Das bedeutet, wenn Sie einmal angestellt sind, sind Sie kaum kündbar, und wenn, dann muss es sich Ihr Vorgesetzter in Form einer Abfindung etwas kosten lassen. Und dazu ist er meistens zunächst nicht bereit.

Geht es Ihrem Arbeitgeber ausschließlich um die Flexibilität des Arbeitsvertrages, dann hat er eine weitere Alternative: Er kann Zeitarbeitsfirmen einsetzen. Aber auch einen weiteren Trick kann der Arbeitgeber anwenden: Er befristet fortwährend die Arbeitsverträge der Mitarbeiter.

Arbeitsverträge werden fortwährend befristet

Das deutsche Arbeitsgesetz sieht vor, dass Arbeitgeber bis zu zwei Jahre und in dieser Zeit dreimal verlängerbare, befristete Arbeitsverträge abschließen dürfen. Bei Mitarbeitern, die das 52. Lebensjahr vollendet haben, verlängert sich die Zeit der Befristung sogar auf fünf Jahre. Befristete Arbeitsverträge sind zum Beispiel dann erlaubt, wenn es in einem Unternehmen ein Projekt gibt, das zeitlich begrenzt ist, in dieser Zeit aber vermehrt Personal benötigt wird.

Sind Sie aber in der Lage, von außen zu beurteilen, ob es sich wirklich um ein befristetes Projekt handelt oder Ihr Arbeitgeber es nach außen nur so darstellt?

In der Praxis werden Arbeiten als Projekt deklariert, um einem Mitarbeiter einen befristeten Arbeitsvertrag anbieten zu können. Oder die Befristung auf ein Jahr oder länger wird von Ihrem Arbeitgeber genutzt, um die Probezeit von sechs Monaten zu verlängern. Einigen Unternehmen reichen sechs Monate nicht aus, um sich ein Bild von Ihnen und Ihrem Arbeitsverhalten zu machen. Üblich ist in der Praxis auch, die Befristung in Ihrem Vertrag immer wieder zu verlängern – auch über die gesetzliche Zweijahresfrist hinaus. In diesem Fall spricht man von Kettenverträgen. Diese sind zwar bei rechtlicher Prüfung nicht haltbar, die Frage ist nur, ob Sie sich trauen, den Vertrag rechtlich überprüfen zu lassen. Denn das könnte und wird in den meisten Fällen von Ihrem Arbeitgeber als Misstrauen aufgefasst werden und schafft eine Situation, in der keine Seite mehr gerne miteinander arbeiten möchte.

Beispiel ### Frau Hoffmanns befristeter Arbeitsvertrag

Frau Hoffmann, 38 Jahre alt, sucht eine neue Beschäftigung. Das Unternehmen A. ist im produzierenden Gewerbe tätig und hat derzeit viele Aufträge. Zu viele angeblich, um diese mit der bestehenden Mitarbeiterzahl fristgerecht bewältigen zu können. In dieser Situation stellt sich Frau Hoffmann bei dem Unternehmen vor. Sie soll als Marketingassistentin beschäftigt werden. Beim Einstellungsgespräch erläutert der Abteilungsleiter Frau Hoffmann, dass die Firma derzeit viel zu tun hätte, man jedoch nicht wisse, ob dieser erhöhte Bedarf an Mitarbeitern auch in einigen Monaten noch bestehen würde. Man könne ihr daher nur einen befristeten Vertrag anbieten. Frau Hoffmann ist zunächst irritiert, da sie den Zusammenhang zwischen ihrer Tätigkeit in der Marketingabteilung und der Abarbeitung der erhöhten Auftragsvolumen nicht erkennen kann. Sie ist jedoch froh, endlich einen neuen Arbeitsplatz gefunden zu haben und überzeugt davon, dass sie den Arbeitgeber in den nächsten Monaten von ihrer Arbeitsleistung überzeugen kann, so dass er ihr eine Festanstellung anbieten wird. Frau Hoffmann unterschreibt den befristeten Arbeitsvertrag.

Nach zwei Monaten Tätigkeit im Unternehmen wird Frau Hoffmann deutlich, dass es keineswegs so ist, dass vermehrte Kundenanfragen gestellt werden – das Unternehmen tauscht vielmehr in einigen Abteilungen Mitarbeiter aus, die nicht mehr erwünscht sind. Das heißt, die Unternehmensführung nutzt die befristeten Arbeitsverträge (die auch andere Mitarbeiter unterschrieben haben), um die Arbeitnehmer flexibel und dem Bedarf entsprechend einsetzen zu können. Zwar ist das Unternehmen im produzierenden Bereich tätig, derzeit sind aber keine vermehrten Kundenwünsche abzuarbeiten. Frau Hoffmann ist verärgert und wendet sich noch in der Befristungszeit an den Personalleiter Herrn Weise. Frau Hoffmann berichtet von ihrer Beobachtung und fordert Herrn Weise auf, den befristeten Vertrag in einen unbefristeten umzugestalten. Herr Weise geht auf diese Forderung nicht ein und argumentiert nochmals, dass die Befristung von Arbeitsverträgen in dieser Branche normal sei und projektorientiert gearbeitet werde.

Was täten Sie, wären Sie in Frau Hoffmanns Position?

Strategie 1   Den Arbeitsvertrag durch einen Rechtsanwalt prüfen lassen

Frau Hoffmann hat natürlich die Möglichkeit, sich einen Rechtsanwalt zu suchen und den Arbeitsvertrag überprüfen zu lassen. Gerade ihre Position in der Marketingabteilung – und nicht unmittelbar in der Produktion – kann schon ein erster Hinweis darauf sein, dass eine Befristung mit dem Argument, es gebe erhöhte Kundenanfragen, nicht begründbar ist. Die Marketingabteilung ist in die Abarbeitung von

Auftragsüberhängen nicht involviert. Die Frage ist, ob Frau Hoffmann wirklich gut damit beraten ist, einen Rechtsanwalt hinzuzuziehen, denn ihr Arbeitgeber wird diese Information sicher nicht freundlich aufnehmen. Auch wenn Frau Hoffmann sich im Recht befindet, wird sie den Job nach dieser Aktion mit großer Wahrscheinlichkeit nicht bekommen.

| Strategie 2 | **Den befristeten Vertrag nach der Probezeit umwandeln** |

Eine weitere Möglichkeit ist, dass Frau Hoffmann nach Ablauf der Befristung mit der Personalabteilung spricht und um einen unbefristeten Vertrag bittet. Dies kann mit der Andeutung geschehen, dass ihre Tätigkeit sich nicht auf die Projektarbeit bezieht, sondern ein immerwährender Bedarf an ihrer Marketingtätigkeit besteht. Frau Hoffmann sollte sich auf dieses Gespräch sehr gut vorbereiten, ihre Tätigkeiten genau auflisten und immer vor dem Hintergrund argumentieren, ob diese Arbeiten tatsächlich stoßweise und projektbezogen anfallen, oder ob das von ihrem Arbeitgeber nur so dargestellt wird. Auch wenn Frau Hoffmann gute Gründe hat, die Befristung in eine unbefristete Stelle umwandeln zu lassen, kann ihr Engagement zur Folge haben, dass ihr Vertrag ausläuft. Vielleicht akzeptiert das Unternehmen grundsätzlich nur Mitarbeiter, die befristete Verträge annehmen. Es ist aber auch möglich, dass Frau Hoffmann in der Personalabteilung Gehör findet und einen unbefristeten Vertrag erhält. Mit einem Rechtsanwalt zu drohen, ist hier nicht ratsam.

Was hätte Frau Hoffmann besser machen können?
In dem vorliegenden Fall hat sich das Arbeitsklima nach dem Gespräch zwischen Frau Hoffmann und Herrn Weise dramatisch verschlechtert. Frau Hoffmann fühlt sich in dem Unternehmen nicht mehr wohl und hat das Gefühl, jetzt ungewollt zu sein. Ihre Kollegen verhalten sich nicht solidarisch, weil jeder versucht, in dem Unternehmen gut platziert zu bleiben. Frau Hoffmann trennt sich noch innerhalb der Befristung von der Firma. Wie hätte sie das vermeiden können?

Frau Hoffmann hätte bei Einstellung schon auf ihre Intuition hören sollen. Ihr kam es merkwürdig vor, dass mit erhöhten Kundenaufträgen argumentiert wurde, um ihre befristete Anstellung in der Marketingabteilung zu begründen. Hätte sie hier weiter nachgefragt, wären sowohl das Unternehmen als auch Frau Hoffmann schon frühzeitig zu der Überzeugung gekommen, nicht zueinander zu passen. Das Problem war jedoch, dass Frau Hoffmann zu dem damaligen Zeitpunkt auf den Arbeitsplatz angewiesen war und keine weiteren Bewerbungsgespräche anstanden. Frau Hoffmann hat sich also dafür entschieden, obwohl ihr bereits bei Einstellung klar war, dass die befristeten Verträge in diesem Unternehmen unlauter eingesetzt werden.

Natürlich hätte Frau Hoffmann den Vertrag auch vor Unterschrift von einem Rechtsanwalt prüfen lassen können. Das Unternehmen hätte es jedoch sicher als Misstrauen ausgelegt und die Bewerbung von Frau Hoffmann abgelehnt. Welches Unternehmen holt sich schon gerne wissentlich Ärger ins Haus?

So können Sie sich schützen:

Ist es wirklich ein internes Projekt?
Für Sie wird es schwierig sein, zu beurteilen, ob es sich bei Ihrem Arbeitsauftrag um ein internes Projekt oder um eine ganz normale Tätigkeit handelt. Diese Diskussion würde ich Ihnen am Anfang Ihres Arbeitsverhältnisses nicht raten, denn sie hieße für den Arbeitgeber, dass Sie ihm nicht vertrauen. Eine Befristung auf ein Jahr ist insofern von Ihnen nur schwer wegzuverhandeln. Sie sollten jedoch wissen, dass ein befristeter Arbeitsvertrag nur dann mit der Befristung gültig wird, wenn er schriftlich fixiert wurde. Wird der Vertrag nur mündlich abgeschlossen, so gilt die Befristung nicht und Sie befinden sich – unabhängig von der Absprache – in einem unbefristeten Arbeitsverhältnis, allerdings mit gesetzlicher Probezeit.

Gerichtliche Überprüfung
Sie haben die Möglichkeit, die Befristung Ihres Arbeitsvertrages gerichtlich überprüfen zu lassen. Sollte Ihr Arbeitgeber Ihnen nach Ablauf des ersten Jahres einen weiteren befristeten Vertrag anbieten, der aus Ihrer Sicht nur seine Flexibilität absichert, so können Sie diesen von einem Rechtsanwalt überprüfen lassen. Auch hier sollten Sie vorab gut abwägen. Können Sie sich vorstellen, in dem Unternehmen weiter zu arbeiten, wenn Sie feststellen, dass die Befristung zu Unrecht vergeben

worden ist? Oder dann, wenn Sie sich gar bereits gerichtlich mit Ihrem Arbeitgeber auseinandergesetzt haben? Das Arbeitsklima wird danach vermutlich ein anderes sein – das sollten Sie bedenken.

Vielleicht ist es nicht das passende Unternehmen für Sie?
Wenn Sie von vornherein das Gefühl haben, dass das Unternehmen Ihnen eine unlautere Befristung anbietet, sollten Sie schon im Vorstellungsgespräch gut überprüfen, ob es wirklich die Firma ist, für die Sie arbeiten möchten. Die Erfahrung zeigt, dass der Umgang mit Ihnen sich so fortsetzt, wie er sich am Anfang darstellt. Scheuen Sie sich also nicht davor, auch von sich aus NEIN zu sagen, wenn Sie merken, dass Sie über den Tisch gezogen werden sollen.

> Befristete Arbeitsverträge dienen oft dazu, Ihrem Arbeitgeber die Möglichkeit zu geben, Sie bei Bedarf ohne Fristen und Abfindung zu kündigen.
> Überprüfen Sie, ob Sie wirklich projektbezogen eingesetzt werden. Im Zweifel lassen Sie Ihren Vertrag von einem Rechtsanwalt prüfen. Wenn Sie sich dennoch für einen befristeten Vertrag entscheiden, seien Sie sich darüber bewusst, dass Ihr Arbeitgeber Sie kurzfristig entlassen kann.

Lockmittel Beförderung

Ihr Arbeitgeber ist daran interessiert, Ihr Fixgehalt niedrig zu halten. Daher sucht er nach Möglichkeiten, Sie über eine andere Art von Incentive oder Bonus zu motivieren. Das kann zum Beispiel die Aussicht auf eine Beförderung sein.

Ihr Arbeitgeber stellt Ihnen bei Ihrer Einstellung oder während Ihrer beruflichen Tätigkeit zum Beispiel immer wieder eine attraktive Beförderung in Aussicht. Umgesetzt wird diese aber nie. Sie bekommen von ihm Ziele gesetzt, die Sie zu erreichen haben, bevor die Beförderung ausgesprochen wird. Da diese Ziele aber entweder zu unklar formuliert werden, zu hoch gesteckt sind oder immer wieder verändert werden, können Sie Ihrem Arbeitgeber den Erfolg nie vorweisen. Und das nimmt er als Argument, das Versprechen nicht einzuhalten. So sehr Sie sich anstrengen, Sie kommen auf der Karriereleiter einfach nicht weiter.

Wie können Sie das durchschauen und sich lösungsorientiert dagegen wehren? Schauen wir uns hierzu zwei Praxisfälle an.

Beispiel   **Frau Fröhlich wartet auf Beförderung**

Frau Fröhlich ist 28 Jahre alt und studierte Juristin. Sie wird von einem Versicherungsunternehmen in der Rechtsabteilung angestellt. Ihre Position wird üblicherweise in der Branche mit 45.000 Euro vergütet. Im Einstellungsgespräch bietet man ihr 38.000 Euro an, jedoch mit der Aussicht, dass das Gehalt zeitnah erhöht wird, wenn ihre Arbeitsergebnisse überdurchschnittlich sind, wovon man ausgehe. Man möchte in der nächsten Zeit mit gezielten Trainingsmaßnahmen in sie investieren und ihr die Chance geben, sich nach oben in die Führungsetage zu entwickeln. Das Unternehmen möchte verstärkt eigene Kompetenz im Bereich Vergaberecht aufbauen, und Frau Fröhlich soll mittelfristig diesen Bereich übernehmen und erweitern.

Beispiel   **Herr Buck hofft, eine Führungsposition zu bekommen**

Herr Buck, 42 Jahre alt, ist seit zehn Jahren Angestellter in einer Bank und arbeitet dort im Rechnungswesen. Bei seiner Einstellung wurde ihm in Aussicht gestellt, sich im Unternehmen weiter entwickeln und Führungsaufgaben wahrnehmen zu können. Da die Abteilung in den vergangenen Jahren wuchs und viele neue Aufgaben zu übernehmen waren, war keine Zeit übrig, Weiterbildungsmaßnahmen in Anspruch zu nehmen. Herr Buck ist aber fest davon überzeugt, dass nach vier Jahren Tätigkeit er der nächste sein wird, der eine Führungsposition übertragen bekommt. Er hat für die nächste Woche ein Gespräch mit seinem Vorgesetzten vereinbart, um darüber zu sprechen.

Strategien für den Berufsweg von Frau Fröhlich:

Strategie 1 **Verhandlung eines marktgerechten Gehalts**
Frau Fröhlich hätte schon beim Vorstellungsgespräch
nach einem marktgerechten Gehalt fragen sollen. Es ist nicht einzusehen,
dass sie 7.000 Euro weniger als ihre Kollegen in anderen Unternehmen
bekommen soll. Vielleicht war dieses niedrige Gehalt nur ein Test, um
Frau Fröhlich die Möglichkeit zu geben, ihr Verhandlungsgeschick unter
Beweis zu stellen. Es muss schon gute Gründe haben, wenn Frau Fröhlich für 10.000 Euro weniger Gehalt zu arbeiten beginnt. Es schwächt
sie sehr in ihrer Position, dass sie sich darauf einlässt und gibt ihrem
Arbeitgeber das Zeichen, dass Frau Fröhlich leicht zu führen ist und
nicht für ihre Rechte (und ihr Gehalt) einsteht. Frau Fröhlich mag so
gehandelt haben, weil Sie derzeit beruflich keine Alternative hat. Dennoch ist es in einigen Situationen sinnvoller, ein zu niedriges Gehalt aus-
zuschlagen und etwas länger nach einem geeigneten Job zu suchen.

Strategie 2 **Schriftliche Fixierung der Qualifizierungsmaßnahmen**
Die zweite Alternative ist, dass Frau Fröhlich das niedrige Gehalt akzeptiert, jedoch auf die schriftliche Fixierung der anderen
Incentives besteht, die sie erhalten soll. Dies sind hier zum Beispiel die
angesprochenen, zusätzlichen Qualifizierungsmaßnahmen. Frau Fröhlich hätte einen Stufen-Karriereplan mit ihrem Arbeitgeber absprechen
können. Das bedeutet, dass das gemeinsame Ziel und der Weg dorthin
fixiert wird – die schriftliche Einwilligung also, dass Frau Fröhlich sich
im Bereich Vergaberecht qualifiziert und sich dort in den nächsten Monaten weiter entwickeln darf. Die Vereinbarung sollte außerdem eine
schon jetzt definierte Gehaltserhöhung für den Fall enthalten, dass Frau
Fröhlich das gesetzte Ziel erreicht. Frau Fröhlich sollte darauf achten,
dass dieses Ziel für sie tatsächlich erreichbar ist und sie den Weg dorthin
beeinflussen kann. Das Ziel muss klar und deutlich formuliert sein, so
dass überprüft werden kann, ob sie es erreicht hat.

Strategie 3 **Regelmäßige Mitarbeitergespräche mit Verabschie-
dung der nächsten Qualifizierungsmaßnahmen**
Erscheint Frau Fröhlich die schriftliche Fixierung der Qualifizierungsmaßnahmen zunächst noch zu fordernd, so wäre es auch möglich, dass

sie regelmäßig Mitarbeitergespräche mit ihrem Vorgesetzten einfordert und dort qualifizierende Maßnahmen für ihren weiteren Berufsweg diskutiert. In ihrem Fall könnte man an ein halbjährlich stattfindendes Gespräch denken. Hier sollte anhand des ursprünglich definierten Zieles besprochen werden, was Frau Fröhlich bereits erreicht hat und was noch fehlt, um die Beförderung zu erhalten. Vielleicht hört Frau Fröhlich heraus, dass ihr Arbeitgeber der Meinung ist, die eine oder andere Fähigkeit würde ihr für den neuen Job noch fehlen. Dann sollte sie mit ihm gemeinsam erörtern, wie sie daran arbeiten kann.

Strategie 4   **Einen Karriereplan erarbeiten**
Frau Fröhlich könnte auch einen Karriereplan erstellen, in dem steht, wie sie sich ihren Werdegang in dem Unternehmen vorstellt. Nachdem sie die ersten positiven Arbeitsergebnisse erzielt hat, sollte sie diesen Plan ihrem Vorgesetzten mit der Bitte vorlegen, gemeinsam darüber zu sprechen und weitere Schritte zu planen.

Was passiert, wenn Frau Fröhlich sich nicht für sich selbst einsetzt?
Wie glauben Sie wird der weitere berufliche Weg von Frau Fröhlich in der Rechtsabteilung der Versicherung aussehen? Werden die versprochene Beförderung und die Gehaltserhöhung erfolgen? Ich gebe Ihnen Recht, wenn Sie sagen, dass dies auch von ihrem Geschick und Engagement abhängt. Malen wir uns einmal den Ablauf aus, der wahrscheinlich ist, wenn Frau Fröhlich jemand ist, die sich auf Versprechungen verlässt und darauf wartet, dass man sie fördert:
Schnell nach Antritt ihrer Position stellt Frau Fröhlich fest, dass in der Rechtsabteilung mehr Arbeit auf sie wartet als ursprünglich gedacht. In den ersten Monaten verlässt sie das Büro nie vor 22 Uhr. An Trainingsmaßnahmen ist in dieser Zeit überhaupt nicht zu denken. Frau Fröhlich nimmt daher keine Weiterbildung in Anspruch, sondern arbeitet die ihr übertragenen Aufgaben ab. Sie ist der festen Überzeugung, dass ihr Vorgesetzter sie befördern wird, wenn es an der Zeit ist – denn das war bei Einstellung so abgemacht.
Nach einem Jahr wird Frau Fröhlich jedoch langsam ungeduldig. Sie vereinbart ein Gespräch mit dem Personalleiter und mit ihrem Vorgesetzten und fragt nach, wann sie die Weiterbildung und damit auch die Beförderung in den Vergabebereich realisieren kann und wie weit die

Firma intern mit den Vorbereitungen in diesem Segment ist. Ihr Vorgesetzter vertröstet sie mit den Worten, dass er sich bei der Geschäftsführung erkundigen würde, aber glaube, dass der Aufbau der neuen Abteilung aus politischen Gründen noch etwas auf sich warten lassen müsse. Der Personalleiter kann daher auch keine konkreten Angaben machen und gibt Frau Fröhlich den Tipp, schon einmal mit Fortbildungen zu starten, die im internen Weiterbildungsprogramm des Unternehmens vorgesehen sind. Sie könnte sich schon einmal mit dem Thema Mitarbeiterführung beschäftigen, da dieses voraussichtlich beim Aufbau der Vergabeabteilung auf sie zukommen werde. Frau Fröhlich reicht zwei Trainingstage bei ihrem Vorgesetzten mit der Bitte um Genehmigung ein. Ihr Vorgesetzter gestattet ihr das Training mit den Worten, dass sie jedoch dafür sorgen müsse, dass die bestehende Arbeit organisiert werden würde. Frau Fröhlich besucht das zweitägige Führungsseminar und denkt, dass nun alles in die richtige Richtung geht und sicher auch bald ihre Beförderung in die Vergabeabteilung erfolgen wird.

Eines Tages wird ein neuer Jurist eingestellt, Mitte 30 und seit Jahren bereits mit dem Thema Vergaberecht vertraut. Rein zufällig erfährt Frau Fröhlich beim Mittagessen durch einen Kollegen, dass Herr Budelmann – ihr neuer Kollege – 5.000 Euro im Jahr mehr verdient als sie und eine Position und Gehaltsstufe über ihr eingeordnet wurde. Außerdem ist er eingestellt worden, um den neuen Vergabebereich aufzubauen und zu leiten. Empört sucht Frau Fröhlich das Gespräch mit ihrem Vorgesetzten. Dieser äußert nur, dass die Besetzung der Position direkt von der Geschäftsführung vorgenommen worden sei und er keine Möglichkeit gehabt habe, bei der Auswahl der Bewerber mitzusprechen. Außerdem müsse Frau Fröhlich doch einsehen, dass man ihr in jungen Jahren und ohne weitere Erfahrung in dem Bereich Vergaberecht nicht die Abteilungsleitung anvertrauen könne. Es würde in den nächsten Jahren sicher noch die Zeit für Frau Fröhlich kommen, sich im Unternehmen für eine Führungsposition zu empfehlen – derzeit sei aber keine vakant. Enttäuscht kehrt Frau Fröhlich an ihren Arbeitsplatz zurück und hat Schwierigkeiten, nach dieser Erfahrung motiviert weiterzuarbeiten.

Frau Fröhlich hat verpasst, sich um ihre Karriere zu kümmern. Sie hat darauf gewartet, dass ihr Arbeitgeber sie an die Hand nimmt und mit ihr gemeinsam ihre Karriere plant und umsetzt. Das passiert in Unternehmen aber nicht. Frau Fröhlich ist selbst dafür verantwortlich, sich um ihren Berufsweg zu kümmern und sich dafür einzusetzen. Sonst besteht die Gefahr, dass sie von einem anderen Kollegen überholt und von ihrem Vorgesetzten übervorteilt wird.

Wie ergeht es Herrn Buck?

Auch Herr Buck denkt, dass es nach vier Jahren guter und solider Arbeit an der Zeit sei, befördert zu werden – auch das Gehalt müsste angepasst werden. Voll freudiger Erwartung geht er in das Gespräch mit dem Personalleiter. Nachdem er seine Forderung auf den Tisch gebracht hat, wird ihm gesagt, dass man ihn nicht als Führungskraft sehe und das Unternehmen nicht bereit sei, ihn zu fördern. Entsetzt entgegnet Herr Buck, dass man ihm dieses aber bei seiner Einstellung in Aussicht gestellt habe und er sich nur deshalb mit dem kleinen Gehalt und dem niedrigen Posten zufrieden gegeben habe.

Wie hätte sich Herr Buck verhalten sollen?

Strategie 1   **Die Karriere in die eigene Hand nehmen**

Herr Buck hat in all den Jahren verpasst, seine Karriere selbst in die Hand zu nehmen. Er hat darauf vertraut, dass sein Arbeitgeber irgendwann aktiv auf ihn zukommt und ihn befördert. Anstatt darauf zu warten, hätte Herr Buck seinen eigenen Karriereplan schmieden sollen. Was will er in dem Unternehmen erreichen? Welche Position ist für ihn attraktiv? Welche Qualifikationen fehlen ihm dafür noch? Nach welchen Regeln erfolgen Beförderungen in seinem Unternehmen? Wen muss er ansprechen? Welche Arbeitsergebnisse muss er präsentieren? Mit Hilfe dieser Fragen hätte Herr Buck schnell erkannt, was er tun muss, um weiter zu kommen, und er hätte die entsprechenden Schritte eingeleitet.

Strategie 2   **Im Mitarbeiterjahresgespräch klare Ziele definieren**

Herr Buck hätte darauf achten sollen, dass regelmäßig ein Mitarbeiterjahresgespräch stattfindet und dass dort auch konkret über sein Weiterkommen gesprochen wird. Herr Buck hätte hier die Möglichkeit gehabt, anzusprechen, welche Position er anstrebt. Erscheint sein Ziel realistisch? Was muss er genau dafür tun? Welche gemeinsamen Schritte können dafür definiert werden?

Die Erfahrung zeigt, dass Ihr Arbeitgeber in der Regel durchaus dazu bereit ist, mit Ihnen Ihre Karriere weiter zu planen – zumindest dann, wenn er grundsätzlich an Ihrer Arbeitsleistung interessiert ist. Die strategische Basisarbeit müssen Sie aber selbst übernehmen. Wo wollen Sie hin? Welche Position ist für Sie interessant? Welche Argumente sprechen dafür, dass Sie befördert werden sollten?

Es ist zu viel verlangt, Ihren Vorgesetzten als Ihren persönlichen Karriere-Coach einzusetzen. Diese Aufgabe wird er nicht übernehmen.

Was haben Frau Fröhlich und Herr Buck falsch gemacht?

Frau Fröhlich und Herr Buck haben sich auf die Versprechen des Arbeitgebers im Einstellungsgespräch verlassen. Beide haben nicht daran gedacht, dass Arbeitgeber einmal gemachte Zusagen möglicherweise vergessen – bewusst oder unbewusst. Nicht Ihr Arbeitgeber, sondern Sie allein sind dafür zuständig, sich darum zu kümmern, dass Sie in dem Unternehmen weiter kommen. Es gibt hin und wieder den Glücksfall, dass eine besser dotierte Position im Unternehmen frei wird und sie gebeten werden, diese zu übernehmen – wunderbar, dann hat alles so geklappt, wie erwartet.

Oft aber fliegen Ihnen die versprochenen Beförderungen – oder auch versprochenen Weiterbildungsmaßnahmen – nicht einfach ins Haus. Dann müssen Sie von sich aus tätig werden. Sie dürfen grundsätzlich davon ausgehen, dass es in Ihrer Abteilung immer so viel zu tun gibt, dass es nie den richtigen und passenden Zeitpunkt gibt, ein Training oder eine Weiterbildung zu besuchen.

Was können Sie tun?

Kümmern Sie sich selbst um Ihre Weiterbildung und Ihren Karriereplan

Befördert werden können Sie nur dann, wenn Sie die notwendigen Qualifikationen besitzen, Erfahrung vorweisen und wenn Sie verstanden haben, nach welchen Kriterien Beförderungen in Ihrem Haus ausgesprochen werden.

Erkundigen Sie sich in Ihrem Unternehmen konsequent von Anfang an, welche Weiterbildungen es gibt und was von einer potentiellen Führungskraft erwartet wird. Gibt es Standardtrainings, die Sie besucht haben sollten? Gibt es die Möglichkeit, ein Einzelcoaching in Anspruch zu nehmen, wenn man nicht sicher ist, welchen nächsten Karriereschritt man im Unternehmen gehen sollte?

Suchen Sie sich die Kurse aus, die Ihnen für Ihre strategische Karriereplanung sinnvoll erscheinen, und besuchen Sie diese. Lassen Sie sich nicht durch den immer vollen Terminkalender davon abhalten – nur in seltenen Fällen ändert sich etwas daran.

Beobachten Sie parallel dazu die Unternehmenspolitik. Wer wird warum befördert? Gibt es Schlüsselpersonen, die darüber entscheiden? Müssen Sie einem bestimmten Netzwerk oder einer politischen Partei angehören? Jede noch zu gute Qualifikation hilft Ihnen beim Weiterkommen nicht, wenn es unausgesprochene Regeln gibt, die einzuhalten sind und die Sie nicht kennen.

Seien Sie wachsam!

Gibt es in einer Abteilung gerade einen Wechsel? Kommen weitere Aufgaben zu Ihrer Abteilung dazu, die eine neue Führungsposition rechtfertigen würde? Gehen Sie mit offenen Augen und Ohren durch das Unternehmen und nehmen Sie wahr, wo Positionen vakant werden, die Sie besetzten könnten und die für Sie eine Beförderung darstellen würden. Warten Sie nicht darauf, dass Ihr Vorgesetzter Ihnen die richtige Stelle anbietet. Dies wird in den seltensten Fällen passieren. Vakante, interessante Positionen werden häufig unter der Hand vergeben – und der Personalleiter ist oft der letzte, der davon erfährt.

Umgang mit versprochenen Beförderungen

Wie gehen Sie damit um, wenn Ihr Arbeitgeber Sie mit Beförderungsmaßnahmen locken möchte?

Sie dürfen grundsätzlich davon ausgehen, dass Sie in fast jedem Unternehmen Möglichkeiten haben, sich weiterzubilden und befördert zu werden. Beförderung ist ein natürlicher Vorgang, der unterstreicht, dass Sie Know-how besitzen, Erfahrung gesammelt haben und diese für das Unternehmen gewinnbringend einsetzen. Es ist insofern nichts Besonderes, wenn der Arbeitgeber Ihnen beim Einstellungsgespräch eine Beförderung in Aussicht stellt. Das bei der Einstellung angebotene Gehalt sowie die Position sollten ihren aktuellen Kenntnissen entsprechen. Verkaufen Sie sich nicht unter Wert und unter Ihrem Können mit dem Argument, dass Sie gute Beförderungschancen haben. Ob Sie weiterkommen oder nicht, hängt im Wesentlichen von Ihrem Engagement und der aktuellen politischen Situation im Unternehmen ab. Letztere können Sie durch eine gute interne Vernetzung im Unternehmen auch mitgestalten.

Der Trick, Sie mit zukünftigen Beförderungen zu locken, wird gerne eingesetzt, um Sie zunächst »billiger« einzustellen. Beachten Sie: Die aktuelle Position, die Sie im Unternehmen bekleiden, sollte von Beginn an Ihrem Kenntnisstand entsprechen. Sie sollten nicht in ein Unternehmen einsteigen, in dem Sie von Anfang an auf einen angemessenen Arbeitsplatz hoffen müssen. Seien Sie skeptisch – warum kann das Unternehmen Ihnen diesen Platz nicht sofort zur Verfügung stellen?

Arbeiten Sie Ihren persönlichen Karriereplan aus und versuchen Sie herauszufinden, nach welchen Regeln Beförderungen in Ihrem Unternehmen ausgesprochen werden. Reicht eine höhere Qualifikation aus oder müssen Sie Schlüsselpersonen kennen und einem Netzwerk angehören?

Lassen Sie sich nicht zu lange hinhalten, sondern formulieren Sie mit Ihrem Arbeitgeber konkrete Ziele und sichern Sie, dass Sie auch tatsächlich befördert werden, wenn Sie diese Ziele erreicht haben.

Berufsanfänger: Unerfahrenheit wird strategisch ausgenutzt

Es gibt Unternehmen, die in gewissen Funktionen nur Mitarbeiter im Alter von Ende 20 bis Mitte 30 einstellen. Dies geschieht in der Hoffnung, dass die Mitarbeiter aufgrund ihrer beruflichen Unerfahrenheit bereit sind, viel zu arbeiten und sich auch mit einem kleinen Gehalt zufrieden geben. Nach der Ausbildung oder dem Studium geht es ihnen zunächst einmal darum, sich auszuprobieren, die ersten beruflichen Erfahrungen in Unternehmen zu sammeln und Gelerntes in Operatives umzusetzen. Die Berufswelt ist aufregend und spannend, die Projekte sind fordernd und sie sind als Berufseinsteiger in der ersten Zeit froh, darauf adäquate Antworten zu finden. Wer guckt dabei schon auf die Uhr oder den Gehaltszettel? Das sind Aspekte, die am Anfang gern in den Hintergrund rücken.

»Man muss sich seine Sporen verdienen«

Die Aussage »man muss sich seine Sporen verdienen« ist dann in Ordnung, wenn Sie sich dessen bewusst sind und das niedrige Gehalt für Sie aufgrund der spannenden Position akzeptabel ist. Jeder Mitarbeiter muss sich zunächst beweisen.

Nicht mehr stimmig ist es jedoch dann, wenn Sie bereits über eine längere Zeit bewiesen haben, dass Sie die Projekte erfolgreich abarbeiten – und trotzdem keine Verbesserung Ihrer Rahmenbedingungen erfolgt. Damit meine ich zum Beispiel Dinge wie Ihr Gehalt, die Arbeitszeiten und Ihre Funktion.

Beispiel   ### Ein Telekommunikationsunternehmen sucht junge Mitarbeiter

Ein Telekommunikationsunternehmen sucht Mitarbeiter – insbesondere im Bereich Vertrieb und Marketing. Es bewerben sich über 100 Interessenten. Die zu besetzenden Stellen sind im Marktdurchschnitt mit 30.000 Euro inklusive Dienstwagen dotiert. Das Unternehmen ist jedoch nur bereit, 25.000 Euro ohne Dienstwagen zu zahlen. Alle Bewerbungen von Interessenten über 30 Jahren werden konsequent aussortiert. Man konzentriert sich auf diejenigen zwischen 25 bis 28 Jahren. Die Bewerber kommen zum Vorstellungsgespräch und der Personaler hat ein leichtes Spiel. Er ist sich bewusst, dass das Gehalt unter dem Durchschnitt des Marktes liegt, stellt die Firma und das Arbeitsklima jedoch so dar, dass die Bewerber begeistert sind. Der Dienstwagen und das Firmenhandy werden nicht angesprochen – und aus Unerfahrenheit von den Bewerbern gar nicht erwähnt – auch wenn sie im Vertrieb viel unterwegs sein werden und permanent mobil erreichbar sein müssen. Herr Meier unterschreibt einen Arbeitsvertrag und glaubt, dass er eine gute Wahl getroffen hat. Alle Beteiligten sind zufrieden.

Die Erfahrung zeigt, dass es im Durchschnitt zwei bis drei Jahre möglich ist, Sie als jungen und unerfahrenen Mitarbeiter an das Unternehmen zu binden, auch wenn die Rahmenbedingungen schlecht sind.

Ist die Arbeit inhaltlich für Sie interessant und haben Sie die Möglichkeit, sich auszuprobieren, sind die Vertragsbedingungen zunächst nicht weiter wichtig. Das ändert sich jedoch, wenn Sie die ersten Erfahrungen im Unternehmen gesammelt haben, sich über den Wert Ihrer Arbeit klar sind und erste Vergleiche am Markt eingeholt haben. Dann ist der Punkt erreicht, an dem Sie für das Unternehmen schwierig werden können.

Beispiel   **Herr Meier sieht sich um**

Auch Herr Meier hat nach einem Jahr Tätigkeit Vergleiche am Markt eingeholt. Er stellt fest, dass er in anderen Unternehmen ca. EUR 10.000 pro Jahr mehr verdienen kann. Da die Höhe des Gehaltes für Herrn Meier nicht das einzige Kriterium darstellt, wägt er die anderen Rahmenbedingungen ab. Er arbeitet mindestens zehn bis zwölf Stunden pro Tag. Herr Meier fragt sich, warum die anderen Mitarbeiter bei den ungünstigen Rahmenbedingungen in dem Unternehmen bleiben. Als er sich die Abteilungen vorstellt und sie gedanklich durchgeht, kommt er zu der Erkenntnis, dass kaum ein Mitarbeiter in dem Unternehmen älter als 34 Jahre ist. Herr Meier ist selbst darüber überrascht – das ist ihm zuvor noch gar nicht aufgefallen. Heißt das, sein Arbeitgeber möchte im Unternehmen gar keine älteren Mitarbeiter beschäftigen? Hat man also dort nur eine Karriere bis Mitte dreißig vor sich? Herr Meier ist verwirrt.

Wie halten Unternehmen junge Mitarbeiter für »kleines Geld«?

Herr Meier hat angefangen nachzudenken. Es ist daher davon auszugehen, dass er demnächst ein Gespräch mit der Personalabteilung führen wird und beide Seiten feststellen werden, dass sie nicht mehr zueinander passen. Spätestens dann, wenn Herr Meier ein leistungsgerechtes Gehalt fordert, wird klar werden, dass das Unternehmen nicht bereit ist, dieses zu zahlen.

Aus Sicht Ihres Arbeitgebers darf es so weit gar nicht kommen. Damit meine ich, dass Sie sich aus Arbeitgebersicht keine konkreten Gedanken über Ihre Arbeitsbedingungen machen sollen. Denn passiert das erst einmal, ist Ihre Kündigung meistens nicht mehr aufzuhalten. Das ist der Unternehmensleitung klar. Deutlich ist Ihrem Arbeitgeber auch, dass er die Strategie, Ihre Unerfahrenheit auszunutzen, nur eine Weile anwenden kann. Sie werden irgendwann zu einem erfahrenen

Mitarbeiter werden und Ihr Unternehmen auf den Prüfstand stellen. Stimmen die Rahmenbedingungen für Sie nicht mehr und wächst das Gehalt nicht mit Ihrer Erfahrung, so werden Sie die Firma verlassen, zumindest dann, wenn Sie nicht zu viel Angst vor Veränderung haben. Junge Mitarbeiter werden in dem Unternehmen nachrücken.

Pizza für alle

Was tut Ihr Arbeitgeber also, um diesen Gedankengang von Ihnen zu verhindern? Er lockt mit familienähnlicher Atmosphäre wie Gratis-Pizza am Abend, Fußballkicker im Büro und wirbt mit interessanten Projekten. Es wird Ihnen das perfekte soziale Umfeld – auch nach der Arbeit – zur Verfügung gestellt. Das bedeutet, dass Sie an einigen Tagen nur noch zum Schlafen nach Hause gehen und den Großteil Ihrer restlichen Tageszeit – freiwillig – im Unternehmen verbringen.

Diese Art der Unternehmensführung lässt sich insbesondere bei jungen Unternehmen beobachten. Wachsen Sie aus dieser Struktur heraus und fordern Sie ein angemessenes Gehalt, so wird Ihnen in vielen Fällen die Kündigung nahe gelegt. Das Nachrücken junger, unerfahrener Mitarbeiter funktioniert dann, wenn die Schlüsselpositionen im Unternehmen von erfahrenen Mitarbeitern besetzt sind, die marktgerecht bezahlt werden und die Methode, Unerfahrenheit auszunutzen, unterstützen. Ihr Arbeitgeber muss es sich leisten können, Mitarbeiter immer wieder zu ersetzen – denn letztlich ist es immer wieder ein großer Verlust an Know-how. Insofern wird eine Firma, die die oben beschriebene Taktik einsetzt, immer Positionen ausschreiben, in denen junge und/oder unerfahrene Mitarbeiter arbeiten, die schnell ausgetauscht werden können. Für die strategischen Führungspositionen wird Ihr Arbeitgeber Mitarbeiter mit größerer Erfahrung einsetzen, die ein leistungsgerechtes Gehalt bekommen.

Es gibt immer wieder Berufsgruppen, die für den Markt besonders interessant sind. Hier haben Sie als Absolvent die Wahl, zu welchem Arbeitgeber Sie gehen – auch ohne große Berufserfahrung. Entsprechend anders gestaltet sich auch Ihr Gehalt. Der Markt bestimmt den Preis – und Absolventen, die gesucht sind, verdienen im Durchschnitt mehr als ihre Kollegen, die einen Ausbildungs- oder Studiengang gewählt haben, der gerade nicht so gefragt ist. Im Bereich der Ingenieure ist das zum Beispiel der Fall. Es gibt zu wenige Absolventen für zu viele vakante Positionen. Auch die großen Anwaltskanzleien suchen händeringend nach neuen Mitarbeitern – mit einem überdurchschnittlichen Examensabschluss.

Trotzdem gilt auch für die gesuchten Bereiche – einige Unternehmen werden auch dort versuchen, Ihre Unerfahrenheit zu einen billigen Einkauf auszunutzen. Wenn es Ihnen darum geht, erste Berufserfahrung zu sammeln, kann es für Sie in Ordnung sein, zunächst für ein kleines Gehalt zu arbeiten. Dennoch sollten Sie darauf achten, dass auch das Anfangsgehalt sich in einem akzeptablen Rahmen befindet und Sie nicht noch draufzahlen. Wichtig ist es aber für Ihr Weiterkommen, dass Sie Ihren Blick im Laufe Ihrer Unternehmenstätigkeit auf die wesentlichen Bereiche lenken. Zumindest dann, wenn Sie Karriere machen möchten. Die Pizza am Abend und auch der Fußballkicker sind ein nettes Incentive, jedoch sollte Ihr Fokus auf einem leistungsgerechten Gehalt und adäquaten Fördermaßnahmen liegen. Lassen Sie sich also nicht zu lange von Incentives blenden, die Sie nicht weiter bringen.

Beispiel   **Wie sieht Herr Meiers weiterer Weg aus?**

Herr Meier hat eine Zeit lang für »kleines Geld« und auch sonst – verglichen mit dem Markt – unter schlechten Rahmenbedingungen gearbeitet. Das Gespräch mit dem Personaler und der innere Kampf, das Unternehmen zu verlassen, sind ihm sehr schwer gefallen. Es waren insbesondere die kleinen Dinge, die ihn gehalten haben: viele Kollegen in seinem Alter, eine junge und dynamische Atmosphäre, das gemeinsame Pizza-Essen um 22 Uhr in der Firma – fast ein bisschen wie in einer Familie. Trotzdem entscheidet er nach einigen Monaten, sich bei anderen Unternehmen zu bewerben. Und ihm wird ein deutlich höheres Gehalt als in der letzten Firma angeboten. Herr Meier entdeckt zwar keinen Fußballkicker für die Mitarbeiter, und auch sonst ist die Struktur des Unternehmens auf den ersten Blick nicht ganz so jung und dynamisch – Herr Meier ist sich aber darüber bewusst, dass auch er in einigen Jahren schon zu den »älteren« Mitarbeitern gehört. Daher ist er ganz froh zu sehen, dass in dieser Firma das Alter der Karriere nicht im Wege steht – im Gegenteil. Das höhere Festgehalt kommt auch seiner Familienplanung entgegen. Herr Meier freut sich auf seine neue Herausforderung.

Was können Sie tun?

In einigen Unternehmen ist es Alltagspraxis, junge Mitarbeiter anzuwerben und darauf zu vertrauen, dass diese inhaltlich so motiviert sind, dass sie fast jeden Arbeitsrahmen akzeptieren. Überprüfen Sie für sich, worum es Ihnen geht – insbesondere, wenn es Ihnen bewusst ist, dass Sie zu schlechten Konditionen »eingekauft« werden. Vielleicht möchten Sie ein bis zwei Jahre Berufserfahrung sammeln und dann wechseln? Vielleicht ist der Name des Unternehmens in Ihrem Lebenslauf attraktiv? Dann kann das in Ordnung sein.

Überprüfen Sie sorgfältig, wie lange Sie bereit sind, das System und diesen Umgang im Unternehmen mitzutragen und gehen Sie, wenn Sie merken, daß es für Sie keinen Gewinn mehr bringt. In einigen Unternehmen wird es für Sie ab dem Zeitpunkt, an dem Sie ein leistungsgerechtes Gehalt fordern, keine Zukunft mehr geben. Ein Kampf dagegen will gut überlegt sein. Konzentrieren Sie sich auf das, was Sie in dem Unternehmen gelernt haben und was Sie mitnehmen können – und achten Sie beim nächsten Job darauf, dass von vornherein auch die Vertragskonditionen stimmen, insbesondere die Höhe Ihres Gehalts und der Titel Ihrer Position.

Achten Sie in Ihrer ersten Position sehr genau auf die Rahmenbedingungen. Seien Sie achtsam und darauf gefasst, dass einige Unternehmen Ihre Unerfahrenheit ausnutzen wollen. Das kann in Ordnung sein, wenn die inhaltliche Arbeit für Sie (zunächst) im Vordergrund steht oder die Arbeit in genau diesem Unternehmen einen guten Start in Ihr Berufsleben darstellt. Trauen Sie sich, die Rahmenbedingungen immer wieder auf den Prüfstand zu stellen. Ein Karrieresprung ist oftmals nur möglich, wenn Sie das Unternehmen wechseln.

EMOTIONALE UND FUNKTIONALE TRICKS: WARUM KOMMEN SIE NICHT WEITER?

So machen Sie trotzdem Karriere

Sie besitzen schon einige Jahre Berufserfahrung? Ihr Gehalt ist nicht üppig, aber angemessen? Vielleicht sind Sie zwei bis drei Jahre dabei und stellen sich die Frage, wie es weiter geht. Oder warum es nicht weiter geht. Sind Sie bereits über fünf Jahre in der Firma und spüren, dass noch etwas anderes kommen muss und dass Sie sich mittlerweile sogar in einer Führungsposition vorstellen können?

Um welche Karriere geht es Ihnen?
In diesem Zusammenhang ist es wichtig, dass Ihnen bewusst ist, was Karriere für Sie bedeutet. Damit meine ich, dass Sie sich klar darüber werden sollten, auf welches Ziel Sie in einem Unternehmen hinarbeiten. Denn danach gestaltet sich die strategische Planung ihrer nächsten Schritte. Ein beruflicher Aufstieg kann für Sie zum Beispiel heißen:

– ein höheres monatliches Gehalt zu beziehen
– eine (vom Titel) höhere Position zu besetzen
– einen Firmenwagen zu erhalten
– Projekte im Ausland übernehmen zu können
– Mitarbeiterverantwortung zu tragen
– ein höheres Budget verwalten zu können
– in bestimmten Netzwerken oder Gremien auftreten zu dürfen

Sie sollten möglichst genau wissen, was Sie erreichen möchten. Ihr Arbeitgeber wird Ihren persönlichen Karriereweg nicht planen, warum sollte er auch? Er hat seine eigene Karriere im Blick und kann nicht ahnen, was Ihnen beruflich wichtig ist und welche Ziele Sie sich gesetzt haben. Außerdem hat er seine Energie nicht zu verschenken – was ist sein Gewinn, wenn er Ihnen hilft?

Gehen wir also davon aus, dass Ihr Karriereweg von Ihnen klar definiert wurde. Nun sollten wir uns mit der Frage beschäftigen, wie Sie in Ihrem Unternehmen weiter kommen oder was Ihr Arbeitgeber mit Ihnen macht, so dass Sie nicht weiter kommen.

Nicht alle Unternehmen halten Sie klein und gefügig

Natürlich gibt es Unternehmen, die Leistungsträger gerne halten möchten und versuchen, aus den eigenen Reihen neue Führungskräfte zu entwickeln. Aber nicht alle Mitarbeiter erhalten diese Chance. Und es gibt Unternehmen, die sich bewusst dafür entscheiden, Führungskräfte vom externen Markt einzukaufen. Schauen Sie sich also in Ihrer Firma um:

- Gibt es dort gewachsene Führungskräfte?
- Wie lang sind die Mitarbeiter im Durchschnitt in dem Unternehmen tätig?
- Sind sie zufrieden?
- Gibt es für Mitarbeiter im Unternehmen die Möglichkeit, über Know-how und Betriebszugehörigkeit in neue, höhere Positionen aufzusteigen?
- Welche anderen Wege gibt es in Ihrem Unternehmen, Karriere zu machen?

In was für einem Unternehmen arbeiten Sie?

Sollten Sie feststellen, dass der individuelle Arbeitseinsatz und die Bekanntheit im Unternehmen belohnt wird, dann wissen Sie, was Sie zu tun haben: gute Arbeitsergebnisse erbringen und die Schlüsselpersonen im Unternehmen kennen lernen, also die Personen, die über Ihr Weiterkommen entscheiden.

Vielleicht stellen Sie aber auch fest, dass es keine transparenten Kriterien gibt, nach denen in Ihrem Unternehmen befördert wird, oder schlimmer: Es gibt Kriterien, die Sie aber nie erfüllen werden. Zum Beispiel werden in Ihrer Firma vielleicht nur Mitarbeiter befördert, die mit dem Vorstand an der gleichen Universität studiert haben oder die die Führungskraft schon seit Jahren aus einem anderen Unternehmen kennt.

Ist Ihr Arbeitgeber wirklich daran interessiert, Sie zu fördern, oder bremst er Sie eher? Um das festzustellen, möchte ich Ihnen Tricks vorstellen, die in der Praxis angewendet werden, um Sie klein zu halten.

Mitarbeiter werden durch zu hohes Arbeitsaufkommen überlastet

Um Sie klein und gefügig zu halten, kann Ihr Arbeitgeber Sie zum Beispiel mit überhöhtem Arbeitsaufkommen überlasten, so dass Sie den Kopf für andere Dinge nicht mehr frei haben und froh sind, wenn Sie sich abends erschöpft in ihren Sessel setzen können.

Beispiel | **Marketingassistentin Frau Dick schuftet für eine Führungsposition**

Frau Dick ist in einer Marketingabteilung tätig und organisiert die in- und externen Events des Unternehmens. Sie ist mit der Hoffnung in das Unternehmen eingestiegen, nach einigen Jahren eine Führungsposition bekleiden zu können. Das hatte ihr Vorgesetzter in dem damaligen Einstellungsgespräch in Aussicht gestellt.

Jedes Jahr im Mitarbeiterjahresgespräch hofft sie darauf, dass ihr dieser Wunsch erfüllt wird. Bislang jedoch ohne Erfolg. Ihr Vorgesetzter weist sie stattdessen immer wieder darauf hin, dass er mehr strategisches Engagement von ihr erwartet, zum Beispiel Visionen, wie der Eventbereich zukünftig gestaltet werden kann. Frau Dick würde sich der Ausarbeitung von Visionen auch gerne widmen, leider lässt es das Tagesgeschäft aber nicht zu. Kaum ist der Arbeitsstapel an operativ zu erledigenden Aufgaben abgearbeitet, wird ihr ein neues Projekt übertragen. Frau Dick ist der Meinung, dass ihr Vorgesetzter doch sehen müsste, wie fleißig sie ist und dass sie keine Zeit für die strategische Arbeit hat. Sie lässt sogar interne Meetings ausfallen, da sie das Gefühl hat, hier wird nicht wirklich operativ gearbeitet, sondern die Kollegen stellen sich nur dar. Frau Dick ist frustriert und weiß nicht, was sie tun soll, um endlich den verdienten und versprochenen Führungsposten zu bekommen.

Beispiel   ### Herr Stefan will sich Verantwortung erarbeiten
Herr Stefan, 35 Jahre alt, verantwortet den Channel eines Internetunternehmens. Ihm ist in Aussicht gestellt worden, die Verantwortung für den gesamten Channelbereich zu übernehmen, wenn er sich in seinem Bereich bewährt. Herr Stefan arbeitet täglich von 8–20 Uhr – auch am Wochenende kommt er in die Firma, um operative Arbeiten zu erledigen. Der Auftragsstapel auf seinem Schreibtisch wird aber nicht kleiner. Für Meetings hat Herr Stefan keine Zeit. Er glaubt, seine Vorgesetzte werde schon bemerken, wie tüchtig er ist und ihn beizeiten befördern.

Nach drei Jahren und zwei Monaten Betriebszugehörigkeit stellt Herr Stefan fest, dass der gesamte Channelbereich von Frau Ahn, 36 Jahre alt, übernommen wurde, die sich extern auf die Stelle beworben hat. Herr Stefan fällt aus allen Wolken – was hat er nur falsch gemacht?

Was ist falsch gelaufen und wie kann man das verhindern?
Kennen Sie solche Situationen? Was haben Frau Dick und Herr Stefan falsch gemacht? Oder hatten beide nur Pech? Am mangelnden Arbeitseinsatz kann es nicht gelegen haben, beide waren engagiert und fleißig. Und beide haben ihren Vorgesetzen gezeigt, dass sie an einer Karriere im Unternehmen interessiert sind.

Wechsel der Position bedeutet für das Unternehmen Performance-Verlust
Ihr Arbeitgeber ist oftmals nicht daran interessiert, dass Sie aus Ihrer einmal festgelegten Position in eine andere wechseln. Das hat einen ganz pragmatischen und nachvollziehbaren Grund: Jeder Mitarbeiter, der stark in operative Prozesse eingebunden ist und viel Arbeit bewältigt, ist für das Unternehmen wertvoll. Wechseln Sie in eine andere Position, so muss Ihre alte Stelle wieder neu besetzt werden. Man benötigt Zeit, einen geeigneten Kandidaten zu finden, ihn einzuarbeiten

und weiß nicht genau, ob er eine ähnlich gute Leistung erbringt wie Sie. Genauso ist es bei Ihrer Einarbeitung in eine neue Position. Auch hier wird es einige Monate dauern, bis Sie volle Leistung bringen. Daher ist es für Ihren Arbeitgeber weniger aufwändig, Sie als Leistungsträger in Ihrer Position zu belassen und neue Stellen mit externen Bewerbern zu besetzen.

Sie sollten sich auf einer Position also nicht zu unentbehrlich machen. Denn das kann für Ihren Arbeitgeber heißen, dass er Sie nicht befördern will.

Werden Sie keine »Arbeitsbiene«!

Sind Sie eine »Arbeitsbiene« oder auf dem besten Weg, eine zu werden? Als »Arbeitsbiene« wird ein Mitarbeiter bezeichnet, der alle Aufgaben, die man ihm überträgt, ohne Nachfragen zügig erledigt. Er arbeitet alles zur vollsten Zufriedenheit ab, macht Überstunden und kommt auch gerne mal am Wochenende in die Firma. Eine Arbeitsbiene »arbeitet«. Die Stärke der »Arbeitsbiene« ist, dass sie arbeiten kann – und zwar zuverlässig und viel. Das macht sie für den Arbeitgeber ungemein interessant und wertvoll. Meistens ist sie für die Position, in der sie tätig ist, unverzichtbar. Genau das ist ihr Verhängnis, um das sie in der Regel nicht weiß.

Die Schwäche der »Arbeitsbiene« ist, dass sie nicht strategisch plant und weniger in die Zukunft denkt. Sie ist nicht daran interessiert, sich und ihre Abteilung in- und extern darzustellen. Arbeitsbienen meiden Meetings, bei denen sie das Gefühl haben, dass es nur darum geht, sich und ihre Arbeitsergebnisse zu präsentieren. Das ist – so meinen sie – verschwendete Zeit, denn der Schreibtisch ist voll von Aufgaben, die zu erledigen sind.

Eine »Arbeitsbiene« können Sie zum Beispiel an ihrem Schreibtisch erkennen. Er ist in der Regel immer belegter als bei anderen Mitarbeitern des Unternehmens. Bei zu vergebenen neuen Aufgaben in Besprechungen erklärt die »Arbeitsbiene« sich immer als erste bereit, diese zu übernehmen. Die anderen Mitarbeiter versuchen, Mehrarbeit zu vermeiden. Der Stratege in der Gruppe versucht zu beurteilen, inwieweit die Übernahme der neuen Arbeit ihn im Unternehmen karrieremäßig nach vorne bringen kann. Das ist jedoch nicht der Gedankengang einer klassischen »Arbeitsbiene«. Arbeitsbienen meiden auch häufig interne Meetings, da das für sie reine Zeitfresser sind. Es geht ihnen darum, zu arbeiten und nicht darum, sich politisch im Unternehmen zu platzieren. Letzteres steht in internen Meetings an der Tagesordnung.

Alle Kollegen sind begeistert davon, wie schnell die »Arbeitsbiene« Dinge operativ erledigt – dafür bekommt sie viel Lob und großen Dank mit dem Hinweis, dass man auf sie nie verzichten könne. Genau das ist ihr Problem: Man wird in der jetzigen Position nicht mehr auf sie verzichten. Denn wer soll dann ihre Arbeit machen? Es ist einfacher, einen Mitarbeiter zu finden, der delegiert, kontrolliert und an Meetings teilnimmt. Die »Arbeitsbiene« dagegen ist so gut wie nicht ersetzbar. Genau das haben Sie sich sicher auch gewünscht, nur ist das Ergebnis nicht das, was sie verfolgt haben.

Wie können Sie es vermeiden, eine »Arbeitsbiene« zu werden?

Warum arbeiten Sie so viel? Haben Sie die Vorstellung, dass man Sie dann schneller befördern wird? Das wird nur dann der Fall sein, wenn Sie sich die strategisch wichtigen Bereiche aussuchen – und dort Ihre Arbeitszeit investieren. Nur viel zu arbeiten wird Sie auf der Karriereleiter nicht weiterbringen.

Oder geht es darum, den Applaus und den Beifall der Kollegen zu bekommen? Sich unentbehrlich zu fühlen? Wenn das die innere Triebfeder dafür ist, viel zu arbeiten, ist es sehr gut verständlich und zeigt, dass derjenige viel Zuspruch braucht. Die Arbeitswelt wird ihm das aber nicht geben können. Hier ist man schneller austauschbar als gedacht. Den Zuspruch, den die »Arbeitsbiene« sucht, wird sie nur im privaten Umfeld bekommen – oder sich selbst geben müssen.

Ein Tipp an die »Arbeitsbienen« unter Ihnen

Erledigen Sie operativ nur so viel, wie Sie unbedingt müssen, damit das Tagesgeschäft läuft. Konzentrieren Sie sich auf die strategischen Themen. Beobachten Sie in Meetings und Veranstaltungen genau, was Sie Ihrem Vorgesetzten an Ideen anbieten können, damit Sie sich für eine höhere Position empfehlen. Seien Sie bei allen in- und externen Meetings dabei. Ich gebe Ihnen Recht, dass dort nicht in allen Fällen effektiv gearbeitet wird. Aber darum geht es auch in Meetings nicht. Es geht darum, dass Sie sich und Ihre Arbeit präsentieren. Nur wenn Sie sich im Unternehmen richtig darstellen, wird Ihr Arbeitgeber auf Sie aufmerksam werden.

Stellen Sie schnell klar, auf welche Position Sie wollen
Es reicht nicht aus, dass Sie in Ihrem Einstellungsgespräch deutlich machen, eine Führungsposition bekleiden zu wollen. Sie dürfen nicht davon ausgehen, dass Ihr Vorgesetzter nur darauf wartet, dass Sie sich bewähren und Sie dann befördert. Ganz im Gegenteil, er wird – wenn Sie gut arbeiten und fleißig sind – kein Interesse daran haben, Sie in eine andere Position zu versetzen, denn das bedeutet für ihn Mehrarbeit und eine unangenehme Veränderung, weil er nun eine neue der seltenen »Arbeitsbienen« suchen muss, die sich zudem erst einmal einarbeiten muss.

Machen Sie daher in jeder möglichen Situation deutlich, welche Stelle Sie in dem Unternehmen ausfüllen möchten, bringen Sie für diesen Bereich aktiv Ideen ein und versuchen Sie, von Ihren Vorgesetzten eine verbindliche Zusage bezüglich des Termins zu erhalten. Lassen Sie sich nicht mit Ausreden vertrösten. Wenn Sie mehrfach mit dem Argument hingehalten werden, dass es noch nicht die richtige Zeit für Sie ist, zu wechseln, und dass man (selbst nach drei Jahren Betriebszugehörigkeit) noch überprüfen möchte, ob Sie die nötige Leistung erbringen, dann können Sie den Rückschluss ziehen, dass man Sie nie befördern wird. Diese Feststellung ist zwar schmerzhaft, aber vergeuden Sie dann keine weitere Zeit bei Ihrem Arbeitgeber, der Sie nur als »Arbeitsbiene« (aus)nutzen möchte, während Sie sich zu Höherem berufen fühlen.

Wie hätten Frau Dick und Herr Stefan sich verhalten sollen?
Die Situation von Herrn Stefan ist mit der von Frau Dick vergleichbar, so dass die strategischen Tipps für Frau Dick auch für Herrn Stefan gelten.

| Strategie 1 | **Erkennen Sie, welche Ziele Ihr Vorgesetzter hat und bewerten Sie Ihre Tätigkeit anhand des Ergebnisses** |

Dass Frau Dick zunächst die Arbeiten übernehmen muss, die ihr übertragen werden, ist klar. Sie sollte jedoch schnell zwischen der Arbeit und den Ergebnissen, die sie weiterbringen, und denen, die mehr Pflicht als Kür sind, unterscheiden lernen.

Unabhängig von der praktischen Verwertbarkeit der Ergebnisse sollte Frau Dick herausfinden, was für ihren Chef wichtig ist. Denn er wird darüber entscheiden, ob Frau Dick Karriere macht oder nicht. Und da er selbst auf der Karriereleiter weiter nach oben möchte, wird er über Mitarbeiter glücklich sein, die erkennen, was er dazu benötigt. Und das können Arbeitsergebnisse in speziellen Bereichen sein, die von außen betrachtet nicht wertvoller als andere Aufgaben erscheinen.

Frau Dick sollte also den Karriereplan ihres Vorgesetzen kennen lernen und ihre Tätigkeiten daraufhin priorisieren. Die Arbeiten, die ihrem Vorgesetzten nicht wichtig erscheinen, sollte Frau Dick zu delegieren versuchen. Wenn das nicht möglich ist, sollte sie für diese Arbeiten nur ein Minimum ihrer Zeit investieren. Und das auch, wenn ihr diese Aufgaben fachlich wichtig erscheinen, denn hierfür wird sie keinen Applaus bekommen.

| Strategie 2 | **ABC-Analyse der übertragenen Arbeiten und Delegation der C-Aufgaben an andere Abteilungen** |

Eine weitere Möglichkeit ist, dass Frau Dick eine eigene Bewertung der Aufgaben vornimmt, die ihr übertragen werden. Das kann zum Beispiel in Form einer ABC-Analyse geschehen.

Was ist eine ABC-Analyse? Einfach ausgedrückt ist die ABC-Analyse ein Verfahren, dass eine Arbeitsmenge (hier Arbeitsaufträge) in die Klassen A, B und C aufteilt und diese nach absteigender Bedeutung ordnet. Eine sehr wichtige Aufgabe bekommt daher ein A, für sie wird folgerichtig ein größerer zeitlicher Rahmen gesteckt als für eine C-Aufgabe. So kann man Projekte nach Priorität abarbeiten.

Für Frau Dick ist diese Analyse ein erster Schritt in die richtige Richtung. Vielleicht kann sie noch nicht feststellen, welche Arbeiten ihrem Chef besonders wichtig sind, und so bleibt ihr dann für ihr persönliches Zeitmanagement nur die Chance, zunächst eine eigene Gewichtung vorzunehmen. Da sie mit Arbeit überschüttet wird, muss sie bei ihrer operativen Arbeit Prioritäten setzen, da sie sonst an den für sie wichtigen Meetings nicht mehr teilnehmen kann. Die C-Aufgaben sollte sie an andere Abteilungen zu delegieren versuchen. Die internen Treffen sollte sie auf jeden Fall regelmäßig wahrnehmen.

| Strategie 3 | **Mitarbeitergespräch vorbereiten und Karriereplan erstellen** |

Auch wenn Frau Dick in Arbeit ertrinkt, sollte sie ihre Mitarbeitergespräche besser nutzen und sich die Zeit nehmen, diese professionell vorzubereiten. Sie ist unvorbereitet und mit dem allgemeinen Wunsch, befördert zu werden, in das Gespräch gegangen. Da nichts Konkretes auf dem Tisch lag, konnte ihr Vorgesetzter sich aus der Verantwortung ziehen und sie weiter vertrösten. Vielleicht ist Frau Dick davon ausgegangen, dass ihr Chef den Karriereplan für sie organisiert und der Hinweis, dass sie im Unternehmen weiterkommen möchte, ausreichend ist. Als Mitarbeiter muss man sich aber selbst um seine Karriereplanung kümmern, sonst passiert in den meisten Fällen nichts.

Frau Dick sollte vakante Stellen im Unternehmen ansprechen, die sie sich für ihre nächste Beförderung vorstellen kann. Auch neu zu schaffende Positionen eignen sich dafür. Anhand einer konkreten Funktion kann ihr Vorgesetzter klar Stellung beziehen und deutlich machen, wo er die Stärken von Frau Dick erkennt. Anhand der Reaktion wird Frau Dick auch sehen, wo ihr Chef noch Schwächen bei ihr sieht. Dieses Vorgehen eignet sich als Voraussetzung für ein weiteres Gespräch über Fortbildungsmaßnahmen oder Trainings, die Frau Dick absolvieren kann, um sich für bestimmte Positionen weiter zu entwickeln. Frau Dick sollte auf jeden Fall mit der Vorstellung von konkreten, umsetzbaren Maßnahmen für ihre Beförderung aus dem Mitarbeitergespräch gehen sowie mit einer verbindlichen Aussage, wann ein neues Gespräch stattfindet oder ab wann sie eine neue Stelle bekleiden kann.

| Strategie 4 | **Sich im Unternehmen vernetzen und bekannt machen** |

Für die Karriere von Frau Dick ist es von entscheidender Bedeutung, dass sie im Unternehmen bekannt ist. Parallel zur Strategie 1 sollte sie daher dafür sorgen, dass sie in den wichtigsten Meetings und Besprechungen anwesend ist. Auch wenn sie feststellt, dass diese nicht effizient sind, ist es für sie Pflicht. Denn es geht in den Arbeitsbesprechungen oftmals weniger um die Erarbeitung von klaren Lösungen, sondern vielmehr um die politische Platzierung in der Firma.

Sie sollte auch darauf achten, wer die eigentlichen Schlüsselpersonen im Unternehmen sind und sich bei diesen vorstellen, zum Beispiel bei dem nächsten Mitarbeiterfest oder bei einer Betriebsversammlung. Diesen Personen gegenüber sollte sie klar äußern, dass sie daran interessiert ist, beruflich weiterzukommen und hofft, bald befördert zu werden. Eventuell sollte sie ihre letzten Erfolge erwähnen, die dem Unternehmen zum Beispiel zusätzliche Kunden und Umsatz gebracht haben.

Damit Sie Ihre eigene Arbeit bewerten und gewichten können, stellen Sie sich folgende Fragen:

- Wie und mit welchen Themen können Sie der Geschäftsführung Ihren Arbeitsbereich präsentieren?
- Wie und womit können Sie Ihren Bereich, die Geschäftsführung oder Ihren Vorgesetzten erfolgreicher machen?
- Um welchen Erfolg geht es Ihrem Vorgesetzten – was ist ihm wichtig?
- Wie sieht das Ergebnis Ihrer Tätigkeit in einer ABC-Analyse aus?
- Welche Personen müssen Sie regelmäßig kontaktieren, um Ihre A-Tätigkeiten im Unternehmen präsentieren zu können?
- Für welchen nächsten Karriereschritt empfehlen Sie sich damit im Unternehmen?

Die Vorstellung, dass Ihnen viel Arbeit auch schnell die große Karriere bringt, ist falsch. Gehen Sie von Anfang an strategisch vor und setzen Sie Prioritäten bei der Bearbeitung Ihrer Projekte. Arbeitsbienen werden in Unternehmen nur selten befördert, denn auf ihre operative Arbeitsleistung kann man nicht verzichten.

Achten Sie insbesondere darauf, womit Sie Ihren direkten Vorgesetzten erfolgreicher machen können. Wird er erfolgreicher, werden Sie mit großer Wahrscheinlichkeit als sein »Erfolgsberater« in seinem Fahrwasser mitschwimmen.

Emotionale Bindung: Das Spiel mit den Grundbedürfnissen

Eine weitere bekannte und oft genutzte Methode, Sie als Mitarbeiter klein und gefügig zu halten, ist der Aufbau einer emotionalen Bindung. Dies ist ein heikles Thema. Auf der einen Seite wünschen Sie sich, dass Ihre emotionalen und menschlich-sozialen Grundbedürfnisse durch Ihren Arbeitgeber befriedigt werden, denn dann fühlen Sie sich wohl und sind zufrieden. Insofern ist prinzipiell nichts dagegen einzuwenden, dass Ihr Unternehmen versucht, Ihre Grundbedürfnisse abzudecken, zumindest dann nicht, wenn es von Ihrem Arbeitgeber ohne Hintergedanken erfolgt. Wenn Ihr Chef Ihr emotionales und menschlich-sozialen Grundbedürfnis nicht deshalb anspricht, damit Sie stärker und größer werden, sondern aus dem Grund, Sie klein zu halten und so an die Firma zu binden, dann ist auch dies ein oft verwendeter Trick der Arbeitgeber. Das heißt, Ihr Arbeitgeber wird die Befriedigung Ihrer emotionalen Bedürfnisse anstreben, damit Sie nicht auf die Idee kommen, ein höheres Gehalt, einen Dienstwagen oder eine Beförderung zu verlangen.

Und hier sollten Sie gut aufpassen. Wenn Ihr Arbeitgeber auf der psychologischen Ebene versucht, Sie zu beeinflussen, so wird das auf den ersten Blick für Sie nicht erkennbar sein.

Wann instrumentalisiert Ihr Arbeitgeber die emotionale Ansprache?

Vorsichtig sollten Sie dann sein, wenn Ihr Vorgesetzter allein aus eigennützigen Gründen Ihre emotionalen und sozialen Grundbedürfnisse anspricht. Das ist zum Beispiel dann der Fall, wenn Ihr Unternehmen die emotionale Bindung von Ihnen und den anderen Mitarbeitern zur Firma dafür missbraucht, Sie daran zu hindern, marktgerechte Arbeitsbedingungen einzufordern. Oder es entsteht die Angst, etwas könnte sich an der Atmosphäre verändern oder Sie müssten das Unternehmen, mit dem sie sich stark verbunden fühlen, gar verlassen. Wichtig ist daher, dass Sie erkennen lernen, wann und mit welchen Methoden Ihr Arbeitgeber Sie zu manipulieren versucht. Dies klären wir zu einem späteren Zeitpunkt. Zunächst werfen wir einen Blick auf die Voraussetzungen dafür, wann man sich als Mitarbeiter emotional einfangen lässt und wann nicht.

Lassen sich alle Mitarbeiter emotional einfangen?

Eine Frage, die ich hier aufwerfen möchte, ist, ob sich alle oder nur gewisse Mitarbeiter emotional vom Unternehmen einfangen lassen. Kann der Arbeitgeber alle Mitarbeiter über die sozialen Grundbedürfnisse ansprechen oder gibt es Mitarbeiter, die sich dem entziehen können?

Vielleicht haben Sie das Gefühl, emotional alles im Griff zu haben und sich auf der Ebene Ihrer sozialen Grundbedürfnisse nicht einfangen lassen zu können. Dies mag Ihnen subjektiv so vorkommen, jedoch wird in vielen Fachbüchern beschrieben, wie und zu welchen Teilen wir bewusst oder auch unbewusst angesprochen werden. Sie können nur zu einem geringen Teil Kontrolle darüber ausüben. Wenn Sie sich in das Thema der Grundbedürfnisse und der Ansprache Ihres Unbewussten vertiefen möchten, sei an dieser Stelle auf die Literaturliste im Anhang verwiesen.

Stellen wir also fest: Sie können sich nicht vollständig der Ansprache auf der Ebene der Grundbedürfnisse entziehen. Was bedeutet das im Berufsalltag?

Da viele von Ihnen mindestens acht Stunden täglich in einem Unternehmen verbringen – als Führungskraft bis zu 18 Stunden – bin ich davon überzeugt, dass alle Menschen das Bedürfnis haben, einen Arbeitsplatz vorzufinden, an dem sie sich wohl fühlen. Studien belegen, dass nicht die Höhe des Gehaltes der wesentliche Faktor bei der Bewertung der Attraktivität des Arbeitsplatzes darstellt, sondern die Entwicklungsmöglichkeiten, die Attraktivität der inhaltlichen Arbeit sowie die Atmosphäre im Unternehmen. Letzterer Punkt wird meines Erachtens zukünftig noch deutlich mehr ins Gewicht fallen. Deshalb gewinnt das Bedürfnis nach emotionalen Bindungen im Beruf an Bedeutung.

Natürlich wünschen Sie sich einen Arbeitsplatz in einem Unternehmen, in dem Sie sich – wenigstens zu einem bestimmten Maß – auch emotional aufgehoben fühlen. Es gibt aber Firmen, die dieses Moment überstrapazieren und die Angst der Mitarbeiter vor Veränderung und Erwerbslosigkeit für sich nutzen.

Wie funktioniert die emotionale Ansprache?

Wie nutzen Unternehmen die emotionale Ansprache für sich? Welche Methoden und Werkzeuge werden eingesetzt, um die menschlich-sozialen Grundbedürfnisse anzusprechen?

Wer entscheidet im Unternehmen, ob mit Ihren Grundbedürfnissen gearbeitet wird und wer schafft den Boden für die emotionale Bindung?

Es muss eine Person sein, die die Unternehmensphilosophie vorlebt und Maßstäbe in der Firma setzt. Dies wird also eine Person an der Spitze Ihres Unternehmens sein, zum Beispiel der Vorstand oder die Geschäftsführung. Wie bauen der Vorstand und seine Führungsriege Emotionalität auf und welche emotionalen Bedürfnisse spricht er bei Ihnen an? Er spricht zum Beispiel Ihren Wunsch an, die Firma sei so etwas wie eine Familie oder zumindest ein Familienersatz.

Welche Grundbedürfnisse haben Sie als Mitarbeiter in einem Unternehmen?

Das erfolgreiche Autorenteam Fisher/Shapiro hat sich darüber in einem Buch *(Erfolgreich verhandeln mit Gefühl und Verstand)* Gedanken gemacht. Folgende fünf soziale Grundbedürfnisse des Menschen haben sie definiert:

- Wertschätzung
- Autonomie
- Verbundenheit
- Status
- Rolle

Die These lautet: Wenn diese Grundbedürfnisse von Ihrem Arbeitgeber bei Ihnen angesprochen und befriedigt werden, werden Sie sich in dem Unternehmen zu Hause fühlen und emotional gebunden sein. Daneben werden Sie sich um Themen wie Gehaltserhöhung und Beförderung kaum Gedanken machen. Sie sind auf einer anderen – einer tieferen – Ebene zufrieden gestellt.

Wertschätzung

Wenn wir einem anderen Menschen mit einer grundsätzlich offenen und interessierten Haltung entgegen treten, seine Handlungen wahrnehmen und seine positiven Absichten sehen können, dann schätzen wir ihn wert. Unsere Wertschätzung zeigen wir ihm dann insbesondere durch die Art, wie wir mit ihm umgehen und inwieweit wir seine Wünsche und Bedürfnisse in unseren Handlungen mit berücksichtigen. In Zeitschriften wie dem *Manager Magazin*, der *Wirtschaftswoche* oder auch dem *Handelsblatt* liest man immer wieder von Untersuchungen, die belegen, dass Mitarbeiter hervorragend in einem Unternehmen zu halten sind, wenn sie vom Arbeitgeber Wertschätzung erfahren. Da dieses das erste Grundbedürfnis eines Menschen in der sozialen Interaktion ist, kann Ihr Vorstand oder die Führungsebene es einsetzen, um Sie emotional zu binden. Das meine ich zunächst erst einmal wertfrei – und ganz im Gegenteil: Es ist sehr zu schätzen, wenn Ihr Unternehmen das erkennt und Ihnen geben kann.

Wie äußert die Unternehmensleitung Ihnen gegenüber die Wertschätzung?

Das kann verbal oder nonverbal geschehen – zum Beispiel:

–   indem Sie als Mitarbeiter ein angemessenes Gehalt erhalten
–   indem Ihre Leistung besonders gelobt wird
–   indem Ihnen ein besonders hochwertiges und wichtiges Projekt anvertraut wird
–   indem Sie zu einer besonderen Veranstaltung fahren/fliegen dürfen
–   indem Sie einen wichtigen Aspekt in einer Diskussionsrunde vortragen dürfen
–   indem Sie die Präsentation für den Vorstand gestalten dürfen

Diese Art, das Grundbedürfnis der Wertschätzung zu befriedigen, stellt den Idealfall dar. Es kann aber auch genau anders herum eingesetzt werden, indem Ihr Arbeitgeber erkennt, dass Sie seine Wertschätzung immer wieder erfahren möchten und er damit spielt. Das heißt, für das eine Projekt erhalten Sie Anerkennung, für ein anderes werden Sie sanktioniert – und dies immer im Wechsel. Werden Sie nur abgestraft, wird Ihr Grundbedürfnis »Wertschätzung« nicht befriedigt und es stellt sich irgendwann Lustlosigkeit ein. Versteht die Firma es aber, Ihnen immer wieder kleine, wertschätzende Gesten zu schenken, so werden Sie innerlich darum buhlen, mehr davon zu bekommen – vor allem dann, wenn Sie sich die Wertschätzung ihrer Person zu großen Teilen über Ihre beruflichen Kontakte holen.

Beispiel ### Herrn Konrads emotionale Bindung zum Unternehmen und die Manipulation

Herr Konrad ist 42 Jahre alt und arbeitet seit zwei Jahren in einem mittelständischen Unternehmen. Er hat sich sehr für ein Marketingprojekt stark gemacht mit dem Erfolg, dass die neuen Marketingmaßnahmen positive Resonanz erzielt haben.

Allein im ersten Halbjahr konnte das Unternehmen seine Bekanntheit um zwanzig Prozent steigern. Das Unternehmen möchte zukünftig vermehrt in Asien aktiv sein und hierfür eine Messe in Peking besuchen. Der Vorgesetzte von Herrn Konrad entscheidet, ihn als Repräsentanten für das Unternehmen zu entsenden und ihm damit zu zeigen, dass das Unternehmen seine Arbeitsleistung besonders wertschätzt. Herr Konrad verstärkt durch diese positive Maßnahme seine emotionale Bindung zum Unternehmen.

Dieses Beispiel zeigt, dass das Unternehmen durch aktives Handeln das Gefühl der Verbundenheit bei dem Mitarbeiter erreichen kann. Im besten Fall sind beide Seiten zufrieden.

Der Arbeitgeber kann aber auch anders mit Herrn Konrads Bedürfnis, wertgeschätzt zu werden, umgehen:

Der Vorgesetzte von Herrn Konrad, Herr Thilo, hat längst erkannt, dass Herr Konrad sehr viel Wertschätzung braucht. Herr Konrad scheint privat wenig positive Unterstützung zu bekommen, und auch er selbst kann sie sich nicht geben. Also ist er von dem Wohlwollen seines Vorgesetzten abhängig. Herr Thilo hat einige Wochen gebraucht, um genau zu verstehen, wie viel Wertschätzung er Herrn Konrad geben muss, damit er motiviert arbeitet – und wann er ihm diese entziehen muss, um Höchstleistungen von Herrn Konrad zu bekommen. Herr Thilo hat festgestellt, dass Herr Konrad sich immer dann besonders anstrengt, wenn die Wertschätzung sanktioniert wird, denn dann arbeitet er darauf hin, endlich wieder gelobt zu werden. Ist Herr Konrad also zu selbstsicher, kommt er vielleicht auf die Idee, ein höheres Gehalt zu fordern. Darum muss Herr Thilo ihn – berechtigt oder auch unberechtigt – kritisieren und Enttäuschung über seine Arbeitsergebnisse kundtun. Das bringt Herrn Konrad aus der Fassung, und sein kleiner Höhenflug endet. In den nächsten Wochen wird er sich wieder sehr anstrengen und darauf hoffen, dass Herr Thilo ihn lobt. Und der Gedanke an die anstehende Gehaltserhöhung ist erst einmal wieder zurückgedrängt. Herr Thilo fühlt sich zwar bei den manchmal grundlosen Rügen Herrn Konrad gegenüber nicht gut, aber behandelt man ihn denn anders? Und ist es nicht Sache von Herrn Konrad, dieses Vorgehen zu durchschauen? Herr Thilo hat die Anweisung vom Unternehmen bekommen, die Gehälter flach zu halten – und entscheidet sich für diese Methode der Personalführung. Ein Mitarbeiter, der zwischendurch immer wieder kritisiert wird, baut nicht das Selbstvertrauen auf, ein höheres Gehalt zu fordern.

Wie hätte Herr Konrad sich davor schützen können?

Strategie

Trennung der Sach- und der Beziehungsebene

Die Strategie von Herrn Konrad sollte sein, die Sach- und Beziehungsebene in Gesprächen zu trennen. Er hat ein sachliches Anliegen – eine Gehaltserhöhung – und erhält von Herrn Thilo eine Antwort auf der Beziehungsebene: Abwertung. Herr Konrad muss sich bewusst machen, dass sein Arbeitgeber sachliche Anfragen nicht sachlich beantwortet. Diese Trennung ist nicht immer einfach zu verwirklichen, wenn Herr Konrad allerdings darauf achtet, wird er innerlich differenzieren können, wann er von seinem Arbeitgeber sachliche Antworten und wann Antworten auf der Beziehungsebene erhält. Um sich im Gespräch immer wieder daran zu erinnern, könnte Herr Konrad sich zum Beispiel einen »Anker« mitnehmen. Ein bestimmter Stift oder ein Symbol in seiner Jackettasche eignen sich dafür. Immer dann im Gespräch, wenn er bemerkt, dass sein Vorgesetzter auf die Beziehungsebene abgleitet, berührt er seinen »Anker«, erinnert sich an das Spiel, das gerade mit ihm gespielt wird und leitet konsequent auf die Sachebene über.

Wenn Herr Konrad die Trennung der Sach- und Beziehungsebene besser im Griff hat und damit spielerischer umgehen kann, wäre es eine weitere Möglichkeit, dass er auf der Beziehungsebene seines Vorgesetzten antwortet und versucht, ihn hier genauso zu beeinflussen, wie der es mit Herrn Konrad versucht. Auch sein Vorgesetzter wird unsicher werden, wenn Herr Konrad bewusst mit zielgerichteter Wertschätzung oder Abwertung arbeitet. Wenn Herr Konrad weiß, was sein Vorgesetzter auf dieser Ebene braucht, um sich wohl oder unwohl zu fühlen, so kann auch er damit spielen und das Ergebnis verhandeln, dass er erreichen möchte.

Wertschätzung ist ein menschlich-soziales Grundbedürfnis. Ihr Arbeitgeber kann Sie binden, indem er Ihnen die entsprechende Wertschätzung entgegenbringt. Dies kann zum Beispiel durch ein besonderes Lob erfolgen, ob es nun ausgesprochen oder durch Handlungen dargestellt wird.

Ihr Arbeitgeber oder Vorgesetzter kann mit diesem Grundbedürfnis spielen, indem er Ihnen im Wechselspiel Wertschätzung entgegenbringt und sie Ihnen wieder entzieht.

Autonomie

Das zweite soziale Grundbedürfnis eines jeden Menschen ist das der Autonomie.

Als Autonomie bezeichnet man die Selbstständigkeit, Unabhängigkeit, Selbstverwaltung oder Entscheidungsfreiheit eines Menschen.

Jeder hat das Bedürfnis, Entscheidungen autonom zu fällen und einen eigenen Handlungsspielraum zu haben. Der Wunsch ist, autonom und frei zu sein und nicht das Gefühl zu haben, von anderen in eine Richtung gedrängt zu werden, die man nicht einschlagen möchte.

Wie autonom möchten Sie beruflich sein? Was darf vorgegeben werden und was nicht? Und über welche Methoden gibt Ihr Arbeitgeber Ihnen das Gefühl, autonom agieren zu können?

Handlungs- und Entscheidungsspielraum

Eine Möglichkeit ist es, Ihnen einen eigenen Handlungs- und Entscheidungsspielraum zu übertragen.

Ihre Aufgaben werden durch die Arbeitsplatzbeschreibung oder Anweisung Ihres Vorgesetzten festgelegt. Sie bekommen dadurch auch den Bereich beschrieben, in dem Sie handeln und in dem Sie Entscheidungen fällen müssen.

Mit dieser Festlegung befriedigt das Unternehmen Ihr grundsätzliches Bedürfnis, sich in klaren Grenzen bewegen zu können. Die Frage ist natürlich, ob dieser Rahmen immer ausreichend groß ist oder ob es zu Unzufriedenheiten kommt, weil Sie sich wünschen, über diese Grenzen hinaus Entscheidungen treffen zu dürfen.

Hier ist anzumerken, dass Ihnen nicht immer die Autonomie eingeräumt werden kann, die Ihnen vorschwebt und Sie motiviert, weil es vielleicht nicht zum Arbeitsbereich passt. Jeder Mitarbeiter benötigt außerdem einen unterschiedlichen Grad an Autonomie. Es gibt Menschen, die zu viel Autonomie und Entscheidungsfreiheit als lästig empfinden und sich wünschen, mit klaren Vorgaben zu arbeiten.

Beispiel ### Herr Tillmann und die Autonomie
Der Einkaufsleiter Herr Tillmann ärgert sich immer wieder darüber, keine Freigaben bei Aufträgen über 2.000 Euro erteilen zu dürfen. In diesen Fällen muss er sich die Zweitunterschrift einer weiteren Führungskraft des Unternehmens einholen. Herr Tillmann fühlt sich durch diese Regelung bevormundet und es demotiviert ihn, nicht für größere Beträge zuständig zu sein (so wie in seiner vorherigen Firma). Er sucht das Gespräch mit dem Geschäftsführer des mittelständischen Unternehmens. Im Laufe des Gesprächs stellt sich heraus, dass der Geschäftsführer schon lange die Entscheidung fällen wollte, Herrn Tillmann Prokura einzuräumen – als Ausdruck seiner guten Arbeit und seines Vertrauens zu ihm. Herr Tillmann ist überrascht und freut sich darüber. Er kehrt hoch motiviert an seinen Arbeitsplatz zurück und fühlt sich sehr darin bestätigt, im richtigen Unternehmen tätig zu sein. Seine Loyalität zum Arbeitgeber ist an diesem Tag erheblich gestiegen.

Das Beispiel beschreibt, auf welche Art und Weise der Arbeitgeber Herrn Tillmann und sein Bedürfnis nach Autonomie bestärkt und ihm das Signal gibt: »Du bist uns wichtig und Du bist richtig in dieser Firma«.

Der Arbeitgeber kann das Bedürfnis von Herrn Tillmann aber auch anders einsetzen.

Was ist das Ziel des Arbeitgebers? Möchte er Herrn Tillmann in seiner Arbeit bestärken, ihn klein halten oder ihm den Hinweis geben, das Unternehmen zu verlassen?

Herr Tillmann soll das Signal erhalten, die Kündigung einzureichen
Etwas anderes wäre es, wenn der Arbeitgeber Herrn Tillmann das Signal geben möchte, das Unternehmen sei nicht das richtige für ihn (und ihm eine Kündigung nahe legt). Dieses könnte geschehen, indem der

Geschäftsführer in dem Gespräch mit Herrn Tillmann erklärt, dass es für ihn keine Freigabe über 2.000 Euro geben wird. Das Grundbedürfnis nach mehr Autonomie würde in diesem Falle bei Herrn Tillmann nicht befriedigt werden und er wird sich mit großer Wahrscheinlichkeit mittelfristig einen anderen Arbeitsplatz suchen.

Nun kommen wir aber zu dem spannenden Punkt, dass das Unternehmen Herrn Tillmann zwar halten will, ihn jedoch nur klein und gefügig möchte. Wie würde der Geschäftsführer dann vorgehen?

Der Geschäftsführer möchte Herrn Tillmann klein und gefügig halten

Der Geschäftsführer hat längst erkannt, dass das Grundbedürfnis der Autonomie für Herrn Tillmann in seinem Arbeitsleben eine große Rolle spielt. Er möchte immer mehr entscheiden können, als er darf. Das Unternehmen möchte Herrn Tillmann behalten, er soll aber nicht auf die Idee kommen, mehr Gehalt zu fordern – denn die Forderung könnte nicht erfüllt werden. Und auch eine Führungsposition möchte man ihm nicht geben.

Also hat der Geschäftsführer sich folgenden Plan zurechtgelegt: Er bestärkt Herrn Tillmann in seinem Wunsch, mehr eigenverantwortlich entscheiden zu können und stellt ihm in Aussicht, dass dies zukünftig auch möglich sein werde (auch wenn das niemals eintreten wird). Um Herrn Tillmann ein erstes Signal zu geben, dass sich etwas verändert, bekommt er kleine Erfolgserlebnisse. In vereinzelten, vorgeschriebenen Fällen darf Herr Tillmann nun auch bis 4.000 Euro freizeichnen. Das schadet dem Unternehmen nicht und Herrn Tillmann bestärkt es in dem Gedanken, im richtigen Unternehmen tätig zu sein.

Strategie | **Das eigene Bedürfnis nach Autonomie erkennen und die Sach- von der Beziehungsebene trennen**

Zunächst ist es wichtig für Herrn Tillmann, zu erkennen, dass der Arbeitgeber mit seinem Grundbedürfnis nach Autonomie spielt. Herr Tillmann sollte reflektieren, in welchen Bereichen er besonders empfindlich und bedürftig ist. Liegt ihm zum Beispiel daran, über einen möglichst großen Entscheidungsspielraum zu verfügen, so sollte er wissen, dass er hier von einem Arbeitgeber, der ihm diesen einräumt, leicht zufrieden gestellt werden kann. Genauso verhält es sich, wenn er den größeren Entscheidungsspielraum nicht bekommt. Herr Tillmann wird sich dann extrem demotiviert fühlen. Mit diesem Wissen sollte Herr Tillmann sich einen Arbeitsplatz suchen, wo er die Autonomie erhält, die er benötigt, um seinem Job nachzugehen. Auch wenn er in einigen Bereichen der Firma nicht selbst entscheiden kann, hat Herr Tillmann die Möglichkeit, sich andere Felder zu suchen, in denen er seine Unabhängigkeit vielleicht ausleben kann. Das kann zum Beispiel ein selbst gegründetes Projekt sein, das er gestaltet, oder die Übernahme einer ehrenamtlichen Aufgabe in der Firma.

> Das zweite menschlich-soziale Grundbedürfnis ist das der Autonomie. Zur optimalen Motivation von Mitarbeitern müssen diese in ihrem Unternehmen genau den Handlungs- und Autonomiebereich zur Verfügung gestellt bekommen, den sie individuell benötigen, um sich im Unternehmen wohl zu fühlen.
> Zu wenig Autonomie demotiviert die Mitarbeiter, zu viel Autonomie und Gestaltungsspielraum kann Mitarbeiter aber auch überfordern.

Verbundenheit

Ein weiteres Grundbedürfnis ist das Gefühl der Verbundenheit.

Verbundenheit entsteht dann, wenn wir uns einem anderen Menschen oder einer Gruppe zugehörig fühlen und Vertrauen zu dem Menschen oder der Gruppe haben.

Auch Sie möchten sich sicher mit dem Unternehmen als Ganzes, einer Gruppe des Unternehmens, Ihrer Abteilung oder mit einzelnen Mitarbeitern verbunden fühlen. Um Sie als Mitarbeiter emotional noch stärker an das Unternehmen zu binden, wird Ihr Arbeitgeber dieses Grundbedürfnis bedienen. Nun muss er zunächst herausfinden, in welchen der oben genannten Bereiche Sie sich verbunden fühlen möchten. Hat er dieses nicht verstanden und setzt den Hebel an der falschen Stelle an, so kann sein Handeln kontraproduktiv sein.

Sind das Gefühl der Autonomie und das der Verbundenheit nicht zwei sich widersprechende Bedürfnisse? Wie kann man beide gemeinsam in der Realität ausleben?

Die Autonomie beschreibt den Grad an Freiheit, den Sie benötigen, um sich wohl zu fühlen. Aber auch sehr autonome Menschen haben das Bedürfnis, zu einer Gruppe zu gehören. Vielleicht nicht so intensiv wie ein Mensch, der nicht gerne autonom handelt und nur ganz kleine eigene Entscheidungsfelder braucht. Beide möchten dazugehören – aber in unterschiedlicher Intensität.

Wenn Ihr Arbeitgeber geschickt ist, baut er eine Atmosphäre des WIR-Gefühls im Unternehmen auf. Sie werden das Unternehmen und Ihre Kollegen als Freunde oder Familie erleben – und von diesen trennt man sich nicht so leicht.

Wie erzeugt Ihr Arbeitgeber das Gefühl der Verbundenheit bei Ihnen?
Eine Strategie könnte sein, Ihnen zu vermitteln, dass die Firma wie eine Familie für Sie ist und Sie dazugehören. Ich habe in einigen – gerade mittelständischen – Unternehmen erlebt, dass die Geschäftsführung in der Lage war, ein derartiges Gefühl aufzubauen.

| Beispiel | ### Frau Bloch und »ihre« Firma |

Frau Bloch arbeitet in einem mittelständischen Unternehmen. Ihr Gehalt ist verglichen mit dem Markt eher unterdurchschnittlich, auch die Aufstiegsmöglichkeiten in dem Unternehmen sind ausgereizt. Frau Bloch ist 36 Jahre alt, studierte Betriebswirtin und wurde schon oftmals von anderen Unternehmen und Headhuntern angesprochen, ob sie nicht das Unternehmen wechseln wolle. Die Angebote waren sowohl finanziell als auch positionell äußerst attraktiv. Frau Bloch lehnte trotzdem ab, denn sie fühlt sich mit dem Unternehmen, in dem sie arbeitet, emotional stark verbunden. Sie kann sich derzeit gar nicht vorstellen, ihre Kollegen zu verlassen und dem Unternehmen den Rücken zu kehren. Sie fühlt sich geborgen und aufgehoben in ihrem Job. Der Geschäftsführer des Unternehmens versteht es, die Mitarbeiter emotional in die Themen der Firma einzubeziehen. So berichtet er über schwierige Situationen und appelliert an die Mitarbeiter, sich mitverantwortlich für das Unternehmen zu fühlen – letztlich sei es auch ihr Unternehmen. Genauso teilt er mit ihnen die Freude und die großen Erfolge. Hierzu gibt es kleine Aufmerksamkeiten, der Geschäftsführer gibt Kuchen aus oder organisiert einen Ausflug.

Auch die privaten Sorgen finden in dem Unternehmen Platz. Die

Frau des Geschäftsführers hat immer ein Ohr für die Probleme der Mitarbeiter – oder man tauscht sich von Kollege zu Kollege aus. Frau Bloch erlebt das Unternehmen als ihre erweiterte Familie. Hinzu kommt, dass sie derzeit ohne Partner lebt und einen Großteil des Tages – manchmal auch am Wochenende – im Unternehmen verbringt. Die Firma zu verlassen wäre für sie so, als trennte sie sich von ihrer Familie. Dies kann sich Frau Bloch nicht vorstellen. Daher nimmt sie das niedrige Gehalt und ihre Position ohne weitere Aufstiegsmöglichkeiten in Kauf.

Um es hier deutlich zu machen: Wenn Sie sich als Mitarbeiter dafür entscheiden, in einem Unternehmen zu bleiben, weil die emotionale Verbundenheit sehr stark ausgeprägt ist, so ist das Ihre Entscheidung. Ich möchte Sie nur dafür sensibilisieren, dass diese Grundbedürfnisse – mal bewusster, mal unbewusster – durchaus von Arbeitgebern ausgenutzt werden, um die Mitarbeiter für einen geringen Lohn an das Unternehmen zu binden. Und fairerweise muss man an dieser Stelle auch sagen, dass das für kleine Unternehmen oft die einzige Möglichkeit ist, Mitarbeiter zu binden. Denn es liegt auf der Hand, dass die Verdienst- und Karrieremöglichkeiten in größeren Unternehmen meistens weitaus besser sind.

Was aber könnte Frau Bloch anders machen?

| Strategie | **Die eigenen Grundbedürfnisse erkennen und weitere Verhandlungen ausschließlich auf** |

der Sachebene führen

Zunächst ist auch hier wieder die Erkenntnis von Frau Bloch nötig, dass es für sie wichtig ist, sich mit einem Unternehmen verbunden zu fühlen. Dieses Bedürfnis befriedigt ihr Arbeitgeber adäquat. Frau Bloch muss sich entscheiden, wie wichtig ihr ein höheres Gehalt ist und welche Gründe es gibt, dass sie dies nicht anspricht. Sie sollte das Gespräch mit ihrem Arbeitgeber suchen und ihm für diese Verbundenheit danken, sie also wertschätzen. Dann sollte sie auf die Sachebene zurückgehen und ihr Gehalt ansprechen. Der Arbeitgeber wird wahrscheinlich versuchen, wieder auf die Beziehungsebene zu wechseln und das WIR-Gefühl ansprechen. Darauf sollte sich Frau Bloch nicht einlassen, sondern immer wieder auf die Sachebene zurückkehren. Für eine Gehaltserhöhung ist es sinnvoll, dass sie vorab einen kleinen Zettel vorbereitet hat, auf dem ihre Arbeitsleistungen und Erfolge für das Unternehmen aufgelistet sind, sowie weitere Ziele, die sie sich für das Unternehmen gesetzt hat und für die sie sich einsetzen möchte. So sieht ihr Arbeitgeber noch einmal konkret, wie wichtig die Leistungen von Frau Bloch für die Firma sind.

Ein weiteres einsetzbares Mittel ist es, das Gefühl zu vermitteln, Sie seien ein wichtiges Firmen- und Gruppenmitglied – und man könne auf Sie nicht verzichten. So geschieht es bei Herrn Leicht, einem langjährigen Mitarbeiter in einer Baufirma.

Beispiel   ### Herr Leicht fühlt sich unentbehrlich
Herr Leicht ist verheiratet und hat zwei Kinder. Seine Ehefrau versucht seit Jahren, ihn davon zu überzeugen, sich einen anderen Job zu suchen, bei der die Bezahlung besser ist. Herr Leicht weiß um seine schlechte Bezahlung, ist aber innerlich nicht in der Lage, sich von seinem Arbeitgeber zu trennen. Er weiß gar nicht genau, warum er so an dem Unternehmen hängt und ärgert sich über das niedrige Gehalt. Oft hat er auch das Gefühl, ausgenutzt zu werden. Aber dann kommen wieder Situationen wie die folgenden, und ein potentieller Jobwechsel ist vergessen – sogar die Unzufriedenheit mit dem Gehalt.
Diese Szenen spielen sich stets folgendermaßen ab: Der Geschäftsführer kommt mit sorgenvoller Miene in das Büro von Herrn Leicht. Er schildert in einer sehr vertraulichen Art ein Firmenproblem – so, als wäre Herr Leicht der engste Vertraute. Herr Leicht fühlt sich in diesen Situationen immer sehr wohl – er hat das Gefühl, wichtig zu sein. Der Geschäftsführer fährt dann im Gespräch fort und beteuert, dass Herr Leicht der Einzige sei, der das Problem lösen könne, man ihn im Unternehmen sehr brauche und das Unternehmen ohne ihn verloren wäre. Herrn Leicht schwillt bei diesen Worten die Brust. Wenn der Geschäftsführer dann den Raum verlässt, ist Herr Leicht um einige wichtige Projekte reicher. Wenn seine Frau ihn abends fragt, ob es denn eine zusätzliche Vergütung für diese Projektaufträge gibt, verneint Herr Leicht. Ihn ärgert es zwar immer wieder, dass sein Gehalt in solchen Situationen nicht erhöht wird, er weiß aber, dass er einer der wichtigsten Mitarbeiter des Unternehmens ist, und dieses Gefühl befriedigt ihn zutiefst.
Was könnte Herrn Leicht tun?

Strategie	**Sich den Worst Case vorstellen und die Motivation für die Forderung einer Gehaltserhöhung überprüfen**

Eigentlich weiß Herr Leicht, wie sich diese Szenen abspielen und dass es ihm schwer fällt, die emotionale Ebene zu verlassen, um für das Sachziel – die Gehaltserhöhung – zu kämpfen. Diese Erkenntnis ist für ihn der erste Schritt zur Veränderung. Nun gilt es herauszufinden, warum Herr Leicht Angst hat, dieses Muster zu durchbrechen. Er sollte sich den Worst Case vorstellen. Was könnte das schlimmste Ergebnis sein, wenn er für seine Gehaltserhöhung konsequent eintritt? Und ist er bereit, diese Konsequenzen zu tragen? Vielleicht hat er besondere und für das Unternehmen so wichtige Kenntnisse, dass er nicht ersetzbar ist.

Herr Leicht sollte außerdem seine Motivation für die Forderung eines höheren Gehalts überprüfen. Ist ihm die Gehaltserhöhung wirklich wichtig? Warum steht er so wenig für sich und seine Arbeitsleistung ein? Welches Bild könnte ihn so motivieren, dass er sich für eine Gehaltserhöhung tatsächlich einsetzt? Oder ist es nur der Auftrag seiner Ehefrau, sich dafür einzusetzen? Es muss sein Bedürfnis sein, sonst wird er nicht die nötige Energie haben, sein Ziel zu erreichen.

Auch er sollte sich im Gespräch immer wieder klar machen, wo er Schwächen hat und dass das Gefühl der Verbundenheit im Unternehmen für ihn wichtig ist. Trotzdem sollte er zum Beispiel über Strategien wie die eines »Ankers« versuchen, sich immer wieder daran zu erinnern, dass die Sach- und die Beziehungsebene zu trennen sind. Zeigt er seinem Arbeitgeber konsequent, dass er die Mechanismen verstanden hat, so wird er mit großer Wahrscheinlichkeit seinem Ziel – der Gehaltserhöhung – ein Stück näher kommen.

Die Verbundenheit, also das Gefühl, sich dem Unternehmen oder einer Unternehmensgruppe zugehörig zu fühlen, stellt das dritte soziale Grundbedürfnis dar. Auch dieses kann Ihr Arbeitgeber einsetzen, um Sie zu binden.

Status

Das vierte soziale Grundbedürfnis ist das des sozialen Status. Der soziale Status eines Menschen kann sich durch seine Bildung, aber auch durch die Dinge, die er im Leben besitzt, bestimmen. In unserer Gesellschaft genießt eine Lehrerin (mit akademischer Bildung) einen höheren sozialen Status als zum Beispiel eine Toilettenfrau (die vermutlich kein Studium absolviert hat). Ein Mensch – unabhängig von seiner Ausbildung – der 10.000 Euro netto im Monat zur Verfügung hat, hat bei uns einen höheren sozialen Status als eine Person, die nur über 800 Euro netto im Monat verfügt.

Der Status, den ich in diesem Zusammenhang anspreche, ist der soziale Status eines Mitarbeiters kraft eigener Ausbildung und Position, die er in einem Unternehmen hat. Zu unterscheiden ist dieser von dem Status einer Person kraft Geburt.

Vielleicht kennen Sie Situationen, in denen Mitarbeiter um den sozialen Status in einer Firma buhlen? Sie versuchen, über Positionen oder Gegenstände in einen sozialen Status zu rutschen, der nah an der Geschäftsführung ist. So fühlen sie sich bedeutender – und manchmal auch besser.

Wie drückt sich Ihr sozialer Status in einem Unternehmen aus, was ist Ihnen wichtig und worüber definieren Sie sich?

Titel, Posten, Positionen – die Bezeichnung auf der Visitenkarte

Kennen Sie das – den Kampf um die Positionsbezeichnung auf der Visitenkarte? Auch wenn es von außen betrachtet manchmal nicht nachzuvollziehen ist: natürlich ist wichtig, was auf der Karte steht, denn die Bezeichnung auf der Visitenkarte ist in einem Gespräch Ihr Eintrittstor. Um sich verdeckt zu halten gibt es »Verhandlungsspiele«, in denen eine Verhandlungspartei keine Visitenkarten verteilt, um die Hierarchien und Entscheidungsbefugnisse am Tisch nicht transparent zu machen. Dies ist eine bewährte Methode, um die Gegenseite zu verwirren.

Ob Sie möchten oder nicht – nachdem die Visitenkarten verteilt wurden und die Titel studiert sind, ist die Dynamik der Verhandlung festgelegt. Wenn Sie klug sind und etwas erreichen möchten, halten Sie sich grundsätzlich an den Entscheidungsträger. Wenn Sie laut Bezeichnung auf der Visitenkarte nicht dazu gehören, wird Ihnen kaum eine Entscheidungsbefugnis zugestanden. Also kämpfen Mitarbeiter stundenlang mit dem Vorgesetzen um die Titel auf den Karten. Oder Sie sind so klug, dies bereits in dem Einstellungsgespräch zu klären und als Bestandteil in den Arbeitsvertrag einfließen zu lassen.

Beispiel   **Frau Zeppelins Titel**

Frau Zeppelin hat sich in einem Unternehmen für eine Position im Business Development beworben, die neu besetzt werden soll. In dem Gespräch hört sie heraus, dass sie auch Mitarbeiter führen soll. Frau Zeppelin geht selbstverständlich davon aus, dass sich ihre Führungsposition auch auf der Visitenkarte widerspiegeln wird.

Nach vier Wochen Tätigkeit erhält sie die gedruckten Karten und ist schockiert – auf der Karte steht Business Development Manager – kein Hinweis auf Führung. Frau Zeppelin ist erbost und wendet sich an ihre Vorgesetzte. Diese erklärt ihr, dass man im Unternehmen zurzeit nur diese Titelbezeichnungen benutze und das Wort »Manager« doch deutlich mache, dass sie Verantwortung trage.

Der Titel »Manager« wird oft in Unternehmen benutzt, um den Mitarbeitern scheinbare Befugnisse kraft Titel zu verleihen, die sie in der Realität nicht haben. Seien Sie bei dieser Betitelung immer aufmerksam. Der Managerbegriff hört sich für Laien interessant und machtvoll an, Eingeweihte wissen jedoch, dass er so gut wie gar nichts über die Position des Mitarbeiters aussagt. Er ist aus dem US-Amerikanischen bei uns eingeführt worden, und gerade Unternehmen, die eine amerikanische Muttergesellschaft haben, benutzen diesen Terminus auch für weniger hochrangige Positionen. Auch deutsche Unternehmen haben ihn inzwischen übernommen.

Nun möchte ich es nicht so darstellen, als könne der Titel auf der Visitenkarte von Angestellten bestimmt werden. Sie haben nur in begrenztem Maß Einfluss darauf. Denn das Organigramm und die Arbeitsplatzbeschreibung sind vorerst festgelegt, und in diesem Rahmen werden Sie eingeordnet. Trotzdem ist es in einigen Fällen möglich, über eine anders eingeordnete Position zu verhandeln. Bei Unternehmen mit Betriebsrat hat der Arbeitgeber aber meist wenig Spielraum, um über Positionen und Titel zu entscheiden. Veränderungen im Titel, die entsprechende tarifliche Einordnungen berühren, müssen unter Umständen erst durch den Betriebsrat genehmigt werden – und daran wird Ihr Arbeitgeber in den seltensten Fällen Interesse haben.

Was können Sie tun?

Machen Sie sich zunächst Gedanken darüber, ob der Titel auf Ihrer Visitenkarte das zum Ausdruck bringt, was Sie beruflich tun. Klären Sie eventuelle Ungereimtheiten wenn möglich schon im Vorstellungsgespräch. Denken Sie daran, dass Sie am Anfang Ihrer Karriere sind und den nächsten Schritt gehen wollen. Unternehmen und Headhunter, die an Ihnen Interesse haben, orientieren sich an Ihrem Titel und bieten Ihnen den entsprechenden Job an. Spiegelt die Visitenkarte nicht Ihre aktuelle Position wieder, empfehlen Sie sich nur für Jobs, die Sie auf Ihrem Karriereweg nicht weiter bringen.

Unbedingt zu beachten ist außerdem, mit wem Sie nach außen verhandeln werden. Wenn Sie in Bereichen tätig sind, in denen Sie viel Berührung mit Kunden oder externen Dienstleistern haben, muss Ihr Titel zum Ausdruck bringen, dass Sie über Entscheidungskompetenzen verfügen. Ist das nicht der Fall, werden Sie es bei Verhandlungen mit Externen schwer haben, denn Sie werden im Gespräch nur bedingt ernst genommen werden. Falls Ihr Arbeitgeber daran nicht gedacht hat, machen Sie ihm das deutlich. Auch er hat Interesse daran, dass Sie die externen Geschäfte erfolgreich führen.

Es gibt nicht nur den Titel auf der Visitenkarte oder auf dem Flurschild, der Ihren sozialen Status im Unternehmen deutlich macht. Ich möchte Ihnen gerne weitere Signale vorstellen:

Die Platzierung des Büros

Die Platzierung Ihres Büros im Unternehmen macht deutlich, wie viel Macht Sie besitzen. Ist Ihr Büro gleich das neben dem des Geschäftsführers oder dem Ihres Vorgesetzten? Sitzen Sie auf einer Etage mit den Entscheidungsträgern im Unternehmen? Sitzen Sie an der Machtzentrale oder bei der Sachbearbeitung / dem Backoffice? Sie kennen sicher die Regel – je höher das Stockwerk, desto höher im Organigramm. Die Geschäftsführung sitzt in der obersten Etage, die Bereichsleiter darunter und so weiter. Versuchen Sie, das Büro zu bekommen, das Ihren aktuellen sozialen Status zum Ausdruck bringt. Und wenn möglich, lieber eine Kategorie zu hoch als zu niedrig. Das Büro muss auch in der Größe adäquat sein. Die Größe des Raumes und die Anzahl der Fenstersprossen bestimmt, wie mächtig Sie im Unternehmen sind.

Eine New Yorker Großkanzlei

Ich habe einen Teil meines Referendariats in einer New Yorker Groß-kanzlei gearbeitet. Die Büros befanden sich in den Etagen 55 bis 60. Im obersten Stockwerk befand sich der VIP-Lunch-und-Diner-Bereich. Die Büros waren wie folgt aufgeteilt:

Die Junior Associates (Junganwälte) bekamen ein Büro zu zweit mit kleinem Fenster zugeordnet. Nach zwei bis drei Jahren Tätigkeit wurde man zum Senior Associate befördert. Man erhielt automatisch ein Einzelbüro ohne Fenster – ca. dreimal drei Meter groß. Wenn man diese Zeit überstanden hatte, wurde man in die Kanzlei als Partner aufgenommen. Automatisch verbindet sich damit ein Einzelbüro mit kleinem Fenster. Je nach Umsatz waren die Büros der Rechtsanwälte kleiner oder größer. Die Partner, die es geschafft hatten, bewohnten ein Eckbüro – doppelt verglast.

Anhand der Bürogröße war also jedem Kollegen und auch jedem Kunden schnell klar, welche Position der Anwalt in der Kanzlei gerade bekleidete.

Beispiel   ### Herr Wolfs Büro

Herr Wolf ist in einem Unternehmen als Vertriebs-leiter eingestellt worden. Er tritt die Nachfolge eines Kollegen an, der nach vier Jahren das Unternehmen verlassen hat. Herr Wolf übernimmt eine Vertriebsmannschaft mit zehn Personen. Als Herr Wolf am ersten Tag in den Betrieb kommt und nach seinem Büro fragt, teilt ihm seine Sekretärin mit, dass das Büro seines Vorgängers leider schon wieder besetzt wurde. Ein Mitarbeiter aus dem Vertrieb hätte sich dort hinge-setzt mit dem Argument, er brauche mehr Ruhe und Konzentration bei der Ausarbeitung von Angeboten. Das alte Büro sei zu klein und laut gewesen. Herr Wolf ist etwas verwundert, möchte aber nicht gleich in der Anfangszeit auffallen und fragt freundlich nach, welches Büro denn noch frei sei. Seine Sekretärin weist ihm auf diese Frage ein Büro zu, dass sich ein Stockwerk unter dem Vertrieb befindet – gleich neben dem Einkauf. Herr Wolf ist nicht begeistert, nimmt das Büro aber erst ein-mal an. Er ist in der guten Hoffnung, dass er noch einmal umziehen wird, wenn sich erst einmal alles eingespielt hat.

Die ersten Monate laufen für Herrn Wolf alles andere als erfolgreich. Er hat das Gefühl, bei seiner Vertriebsmannschaft nicht ernst genommen zu werden. Vermehrt fällt ihm auf, dass der Vertriebsmitarbeiter, der sein ursprüngliches Büro bezogen hat, versucht, ihm die Führung abzusprechen. Weiter ist es für Herrn Wolf aufgrund der Entfernung schwierig, Kontakt mit seinen Mitarbeitern aufzubauen. Herr Wolf ist zwar immer noch unzufrieden mit seinem Büro, bringt das aber nicht unmittelbar in Zusammenhang mit seinen Führungsschwierigkeiten.

Strategie   ### Die Position nach außen darstellen
Herr Wolf hat einen wesentlichen Fehler gemacht: Er hat seine Position nicht nach außen dargestellt. Es ehrt ihn, dass er das kleinere Büro bezogen hat und nicht in Konflikt mit dem Mitarbeiter getreten ist, der sein ursprünglich vorgesehenes Domizil bezogen hat. Aus Sicht seiner Karriere und Platzierung im Unternehmen war das aber ein großer Fehler, der ihn im schlechtesten Fall den Job kosten kann. Eine Führungskraft muss vom ersten Tag an Führung zeigen, verkörpern und leben. Der Einzug in ein adäquates Büro, das die Ebene widerspiegelt, gehört dazu. Nutzt die Führungskraft dieses nicht, hat sie es ungleich schwerer. Ein Mitarbeiter ist von Anfang an in Konkurrenz zu Herrn Wolf getreten, indem er das Büro bezogen hat, das für Herrn Wolf gedacht war. Herr Wolf hätte hier sofort das Gespräch suchen und sich durchsetzen müssen. Der Bezug des Büros zur Darstellung seiner Stellung im Unternehmen wäre für Herrn Wolf unerlässlich gewesen. Da er es nicht getan hat, hat er an Autorität verloren und sich klein gemacht.

Neue Führungskräfte dürfen davon ausgehen, dass die Mitarbeiter im Team (und auch die Kollegen) peinlich genau beobachten werden, ob die Führungskraft die Regeln verstanden hat und auch lebt. Wesentliche Aspekte, die am Anfang verpasst werden, können von der Führungskraft später nur mit großer Kraftanstrengung verändert werden.

Statussymbole: Firmenwagen und Firmenhandy
Ein weiterer Ausdruck von sozialem Status stellen der Firmenwagen und das Firmenhandy dar. Je nach Position erhält man im Unternehmen das eine oder andere Modell. Zwar hat man als Mitarbeiter die Wahl, sich für ein kleineres Modell zu entscheiden, dieses sollten Sie meiner Erfahrung nach aber nicht tun. Gerade Frauen tun sich dabei häufig

schwer. Sie wählen – da es ihnen nicht wichtig ist – ein zu kleines Auto oder ein einfacheres Handymodell. Dabei ist es beruflich keine Frage des Brauchen-Müssens, ob ich ein größeres oder kleineres KFZ-Modell wähle, sondern vielmehr eine Frage der Professionalität. Die Business-sprache legt klar fest, welche äußeren Attribute dazu gehören, seine Position im Organigramm zu beschreiben und abzubilden. Und diese sollten Sie nutzen.

Beispiel   ### Frau Talers Firmenwagen

Frau Taler ist 30 Jahre alt und seit vier Jahren in einem Unternehmen als Leiterin im Controlling tätig. Seit einigen Monaten hat die Firma entschieden, Firmenwagen anzubieten. Die Mitarbeiter von Frau Taler, Herr Arndt und Herr Luft, haben sich sofort entschieden. Für einen kleinen Aufpreis bestellten sie den 3er BMW. Frau Taler hat genau die monatlichen Abzüge studiert und sich daraufhin für einen VW Golf entschieden.

Frau Taler nimmt mit Herrn Luft hin und wieder Außentermine wahr. Erstaunt stellt sie seit einiger Zeit fest, dass – nachdem Frau Taler mit ihrem VW Golf und Herr Luft mit seinem BMW – vorgefahren sind, Herr Luft als Leiter der Controllingabteilung angesprochen wird. Frau Taler stellt dieses immer sofort richtig, nimmt aber wahr, dass Herr Luft in den Gesprächen trotzdem eine andere Aufmerksamkeit genießt als sie selbst. Frau Taler ist verärgert. Sie überlegt, warum sie plötzlich nicht mehr als Leiterin angesprochen wird, wenn sie mit Herrn Luft unterwegs ist – der Firmenwagen kann es doch nicht sein, oder?

Was hat Frau Taler falsch gemacht?

Strategie   ### Einsatz der adäquaten Statussymbole

Der Firmenwagen (und auch das Firmenhandy) stellen nach außen auf den ersten Blick ihre Position in der Firma dar. Frau Taler wäre hier gut beraten gewesen, sich für das Modell zu entscheiden, das ihre Position und Führung unterstreicht. Es geht bei der Auswahl des Firmenwagens nicht alleine um die Frage, welches Ihnen gefällt und welches für Ihre Zwecke sinnvoll ist. Es ist vielmehr ein berufliches Statussymbol, das Sie nutzen können, um sich nach außen darzustellen. Bei der Wahl eines zu kleinen Modells wird es dann gefährlich, wenn ihre Mitarbeiter ein größeres wählen. Wie sonst soll der

Kunde oder externe Gesprächspartner reagieren, als sich an die Person zu halten, die das größere Modell hat und damit mehr Macht nach außen verkörpert?

Ein Firmenbeispiel des Neuen Marktes

Als ich bei der MobilCom AG als Justitiarin begann, hatte das Unternehmen folgendes Konzept: Man bekam ein geringes Gehalt, dafür aber Firmenwagen und Firmenhandy (wenn auch nicht die neuesten Modelle). Das System ging auf. Die jungen Mitarbeiter stellten sich und ihren Status nach außen genau über diese Symbole dar – KFZ und Handy. Nur die wenigsten stellten eine Rechnung an, bei der sie herausgefunden hätten, dass es für sie sinnvoller gewesen wäre, das KFZ und Handy selbst zu finanzieren und in einem Unternehmen zu arbeiten, das ein höheres Einkommen verspricht.

Mitgliedschaften und Netzwerke

Ein letzter Punkt, der hier erwähnt werden soll, ist das Thema Mitgliedschaften und Netzwerke. Die Zugehörigkeit zu gewissen Netzwerken stellt in- und extern Ihren sozialen Status dar. Achten Sie also immer darauf, in welchen Verbindungen ihre Kollegen stehen, die sich auf der gleichen organisatorischen Mitarbeiterebene befinden wie Sie selbst. Es ist wichtig, dass Sie sich konsequent in die E-Mail-Verteiler eintragen lassen, die Ihrer Position angemessen sind. Tun Sie das nicht, sind Sie schlechter informiert als Ihre Kollegen – und das ist ein großer Wettbewerbsnachteil für Sie. Er kann dazu führen, dass Sie sich mangels Information nicht richtig verhalten oder platzieren und ein Kollege Ihnen eine Position vor der Nase wegschnappt, die Sie auch gerne bekleidet hätten.

Da es sehr von Ihrem Unternehmen abhängt, welche Netzwerke oder E-Mail-Verteiler entscheidend sind, ist es am hilfreichsten, sich in der eigenen Firma ein Vorbild zu suchen, von dem Sie sich so etwas abgucken können. Wenn Sie diesen Kollegen beobachten, können Sie feststellen, auf welche Veranstaltungen Sie gehen sollten und in welche Verteiler Sie sich aufnehmen lassen sollten. Ist Ihr Vorbild auf dem Erfolgskurs, so können Sie von ihm lernen.

An dieser Stelle möchte ich auch noch einmal erwähnen, dass Sie Vertragsgespräche mit einigen Kunden nur dann führen können, wenn

Sie entsprechend vernetzt sind. Viele Geschäfte laufen außerhalb des Bürogebäudes ab. Daher ist es für Sie umso relevanter, den Netzwerken anzugehören, die Ihr Arbeitgeber zur Verfügung stellt und in denen Sie Ihre Kunden treffen.

> Dem sozialen Status, den Sie beruflich in Ihrem Unternehmen darstellen, kommt eine besondere Bedeutung zu. In- und externe Mitarbeiter, Kooperationspartner und Kunden ordnen uns nach dem äußerlich präsentierten Status ein.

Rolle

Das fünfte Grundbedürfnis ist das der sozialen Rolle. Jeder Mensch übernimmt in seinem Leben mehrere Rollen, zum Beispiel die des Familienvaters, des Ehemannes, der Führungskraft oder auch des untergebenen Arbeitnehmers. Jede Rolle stellt gewisse (soziale) Anforderungen an das Verhalten eines Menschen, die erfüllt werden müssen, damit diese Rolle ausgefüllt und von anderen erkannt wird. Erfüllt der Mensch diese »inneren Regieanweisungen« der betreffenden Rolle nicht, so ist sie von außen nicht erkennbar.

Jeder Mitarbeiter »spielt« im beruflichen Alltag eine Rolle. Diese Rollen können sehr unterschiedlich sein. Es gibt Mitarbeiter, die immer nur eine Rolle spielen und andere, die sie auch wechseln können. Was genau meine ich damit?

Es gibt Kollegen, die bei jeder Besprechung am Flipchart stehen und die Initiative ergreifen. Ein anderer Kollege nimmt dagegen zum Beispiel immer die Rolle des Zweiflers oder Bedenkenträgers in einer Gruppe wahr. Im Berufsleben wählen wir gern die Rolle, die uns am bekanntesten ist und in der wir unsere Stärken präsentieren und ausleben können. Insofern ist es uns ein grundlegendes Bedürfnis, diese Rolle auch spielen zu dürfen. Möchten mehrere Kollegen in einer Besprechung die Rolle des Machers und Organisators übernehmen, so wird es mit der Gruppendynamik Schwierigkeiten geben, da manche Rollen nicht mehrfach vergeben werden können.

Möchte Ihr Arbeitgeber Sie emotional binden und geht geschickt vor, so wird er versuchen zu verstehen, welche Rolle Ihnen im beruflichen Alltag gefällt, und er wird Ihnen diese dann übertragen. Dabei hofft er, von Ihnen in dieser Rolle die bestmöglichen Ergebnisse zu bekommen. Er möchte Sie aber auch emotional zufrieden stellen, um nicht über Dinge wie Gehaltserhöhungen und Zusatzverdienste sprechen zu müssen. Sind Ihre Grundbedürfnisse befriedigt und versorgt, werden Sie nicht so schnell ein höheren Gehalt verlangen.

Beispiel | **Frau Attis Vorliebe für Organisatorisches**

Frau Attis, 33 Jahre alt, ist seit 5 Jahren Assistentin des Vorstandes in einem Hamburger Unternehmen. Ihr Gehalt ist unterdurchschnittlich, und das weiß Frau Attis auch. Seit zwei Jahren versucht sie immer wieder, sich von dem Unternehmen zu trennen und eine andere berufliche Herausforderung zu suchen. Irgendetwas hindert Frau Attis aber immer wieder an diesem Schritt. Sie versteht sich oft selbst nicht, und die gut gemeinten Tipps ihrer Freunde, sich aktiv woanders zu bewerben, helfen ihr nicht. Ganz im Gegenteil, sie bauen einen zusätzlichen Druck auf. Frau Attis kommt alleine nicht weiter und versteht ihr Muster nicht. Also wendet sie sich an einen Business Coach.

Nach zwei Stunden gemeinsamer Arbeit geht Frau Attis ein Licht auf. Sie fängt langsam an zu verstehen, was es ihr so schwer macht, sich von dem Unternehmen zu lösen: Sie darf in ihrer derzeitigen Firma genau die Rolle übernehmen, die ihr viel Freude macht. Als Assistentin des Vorstandes ist sie stark in die Organisation eingebunden. Sie darf Gespräche mit Veranstaltern führen, Jahresfeiern arrangieren, sich um den Flugplan des Vorstandes kümmern und oft auch mit zu den Veranstaltungen fliegen. Frau Attis liebt die Rolle der Eventmanagerin – eigentlich wollte sie dieses Fach einmal studieren, hat sich aber aus Vernunftgründen dann für Betriebswirtschaft entschieden. Nachdem Frau Attis dieses im Coaching klar geworden ist, fällt es ihr leichter, sich zu notieren, welche Kriterien bei ihrem neuen Arbeitgeber erfüllt sein müssen, damit sie die Rolle übernehmen kann, die sie bevorzugt. Frau Attis ist fest davon überzeugt, dass sie in einem anderen Unternehmen und mit mehr Verdienst ihre Vorliebe für das Eventmanagement ausleben kann und fängt an, Bewerbungen zu schreiben.

Wir haben festgestellt, dass der Arbeitgeber Sie emotional binden kann, indem er Ihre tiefer liegenden Grundbedürfnisse anspricht. Wenn er einen guten Menschenverstand hat, dann wird er Ihnen genau das geben, was Sie benötigen. Er wird Sie und Ihre Arbeitsergebnisse wertschätzen, Ihnen die Autonomie, aber auch Verbundenheit anbieten, die Sie emotional benötigen, um sich wohl zu fühlen. Er bestärkt Ihren sozialen Status und lässt Sie die Rolle im Unternehmen übernehmen, die Sie gerne spielen möchten. Das hört sich paradiesisch an, oder? Und ich möchte an dieser Stelle auch betonen, dass es Arbeitgeber gibt, die Ihre Mitarbeiter damit motivieren möchten. Es gibt jedoch auch Arbeitgeber, die versuchen, über die Zuwendung und Befriedigung der Grundbedürfnisse den Mitarbeiter emotional in einer Position zu binden, aus der er längst herausgewachsen ist. Sind alle Bedürfnisse befriedigt, fällt es dem Mitarbeiter schwerer, zum Beispiel ein leistungsgerechteres Gehalt oder eine andere Position zu fordern.

Was können Sie tun?

Lernen Sie sich selbst kennen und verstehen Sie, welche Grundbedürfnisse bei Ihnen im Vordergrund stehen. Über genau diese sind Sie angreifbar. Wenn Ihr Arbeitgeber diese Bedürfnisse bei Ihnen befriedigt, werden Sie ihm loyal zur Seite stehen. Dagegen ist zunächst auch nichts einzuwenden, wenn Sie sich wohl fühlen. Schwierig wird es erst dann, wenn Sie zum Beispiel die Autonomie haben und die Rolle spielen dürfen, die Sie befriedigt, das Gehalt aber nicht angemessen ist. Dann ist es an Ihnen, eine innere Werteabwägung vorzunehmen und zu entscheiden, was Ihnen wichtiger ist – Befriedigung des Bedürfnisses nach Autonomie und die gewünschte Rolle – oder ein höheres Gehalt.

Nach dieser Erkenntnis sollten Sie immer darauf achten, im Gespräch mit Ihrem Chef die Sach- und Beziehungsebene zu trennen. Wenn es Ihnen um Sachthemen wie eine Gehaltserhöhung geht und Ihr Vorgesetzter auf der Beziehungsebene antwortet, dann sollten Sie versuchen, ihn auf die Sachebene zurückzuführen. Zugegeben, das ist nicht immer einfach, aber doch möglich. Wichtig dabei ist, dass Sie die Fäden des Gespräches in der Hand behalten und immer wieder auf das Sachthema – und zwar konsequent – zurückkommen.

Ein Schritt weiter wäre es, dass auch Sie die Grundbedürfnisse Ihres Vorgesetzten nutzen, um Ihre Ziele durchzusetzen. Das heißt zunächst, ihn zu durchschauen und ihm dann genau das zu geben, was er braucht, um entspannt und glücklich zu sein. Dann wird er bereit sein, auch Ihnen entgegenzukommen.

Welcher Typ sind Sie?

Damit Sie sich im beruflichen Alltag besser platzieren können, sollten Sie erkennen, welcher Typ Sie sind. Haben Sie schon eine Idee oder haben Sie beim Lesen der Zeilen bemerkt, in welchen Bereichen Sie besonders anfällig sind? Was ist Ihnen wichtig?

Mein Tipp an Sie ist, sich ein Blatt Papier zur Hand zu nehmen und die fünf Grundbedürfnisse darauf zu notieren. In der nächsten Spalte beschreiben Sie dann für sich selbst, woran Sie erkennen, dass die Grundbedürfnisse befriedigt wurden. Und in der nächsten Spalte notieren Sie, was passiert, wenn eines der Grundbedürfnisse nicht zufrieden gestellt ist. Woran erkennen Sie, dass Sie wertgeschätzt werden? Was muss der Arbeitgeber dafür tun? Und was passiert, wenn Sie diese Wertschätzung nicht bekommen – oder der Arbeitgeber Sie in Ihrer Autonomie beschneidet – wie reagieren Sie darauf?

Das Blatt könnte wie folgt aussehen:

	Befriedigt, wenn	Nicht befriedigt, wenn	Meine Reaktionen
Wertschätzung			
Autonomie			
Verbundenheit			
Rolle			
Status			

Mithilfe dieser Selbststudie können Sie sich selbst besser kennen lernen und sind den äußeren Einflüssen nicht mehr völlig ausgeliefert.

Jeder Mensch hat fünf soziale Grundbedürfnisse. Diese heißen Wertschätzung, Autonomie, Verbundenheit, Rolle und Status. Sind diese Bedürfnisse bei Ihnen befriedigt, so werden Sie mit großer Wahrscheinlichkeit bei Ihrem Arbeitgeber bleiben. Vorgesetzte haben die Möglichkeit, diese Bedürfnisse bei Ihnen als Mittel einzusetzen, um Sie zu binden. Das heißt, sie sprechen genau das Grundbedürfnis bei Ihnen an, das befriedigt werden will. So können Sie in eine emotionale Abhängigkeit geraten.

Um dieses weitgehend zu vermeiden, sollten Sie sich selbst kennen. Welcher Typ sind Sie? Worüber beziehen Sie Wertschätzung und wie viel Autonomie benötigen Sie, um sich wohl zu fühlen? Beobachten Sie sich und ihr Verhalten.

Nacht- und Wochenendarbeit

Um in einem Unternehmen wachsen zu können müssen Sie körperlich und geistig fit sein. Das setzt voraus, dass Sie – im wahrsten Sinne des Wortes – ausgeschlafen sind. Wenn Sie so viel arbeiten, dass Sie sich nicht mehr regenerieren können, werden Sie nicht ausreichend Kraft haben, beruflich nach vorne zu kommen. Außerdem können Sie in diesem Zustand gegebenenfalls nicht mehr Wichtiges von Unwichtigem unterscheiden.

Es gibt Stoßzeiten in Unternehmen, in denen es dazu gehört, viel zu arbeiten – auch nachts oder am Wochenende. Bei Börsengängen, Vorbereitungen wichtiger Präsentationen und Firmenübernahmen braucht Ihr Unternehmen Ihre uneingeschränkte Arbeitskraft. Achtung ist dann geboten, wenn die nächtlichen Besprechungen chronisch werden. Für viele Mitarbeiter ist es schwierig, festzustellen, wann der Ausnahme- zum Normalzustand wird. Das ist oft ein gleitender Übergang. Befinden Sie sich erst einmal in dem System des Unternehmens, ist es schwer einzuschätzen, ob Sie sich noch in einer Arbeitssituation befinden, die sich bald wieder ändern wird, oder ob das Unternehmen den

Ausnahmezustand künstlich provoziert und Sie vorsätzlich um den Schlaf bringt.

Warum tut Ihr Arbeitgeber das? In vielen Fällen geschieht das, um Sie daran zu hindern, weiterzudenken. Sind Sie erst einmal mit Arbeit beschäftigt und an den Grenzen Ihrer Leistungsfähigkeit und Belastbarkeit angelangt, wird es Ihnen schwer fallen, sich über Ihr persönliches Weiterkommen im Unternehmen Gedanken zu machen. Und möchte Ihr Arbeitgeber Sie klein halten, so wird er kein Interesse haben, dass Sie sich mit Ihrer Karriere beschäftigen.

| Beispiel | **Frau Carl an den Grenzen ihrer Belastbarkeit** |

Frau Carl, 33 Jahre alt, arbeitet in einem internationalen Medienkonzern. Der Zwölf-Stundentag gehört zur Normalität. In der letzten Zeit spitzt sich die Arbeitssituation jedoch zu. Frau Carl verlässt in der Woche nie vor 22 Uhr das Unternehmen. Meistens geht sie auch noch am Samstag für ein paar Stunden in die Firma. Frau Carl ist körperlich angegriffen – die viele Arbeit hinterlässt erste Spuren. Ein Projekt jagt das nächste und es vergeht kaum eine Woche, in der ihr nicht ein neues Thema angetragen wird. Frau Carl glaubt, dass sie bald eine Beförderung erwartet und denkt, dass sie nur lange genug aushalten und das Pensum abarbeiten muss, dann wird man ihre Führungsqualitäten bemerken. Bedenklich stimmt sie nur, dass in den letzten zwei Jahren drei Positionen an externe Bewerber vergeben wurden, obwohl auch Frau Carl diese Positionen gut hätte ausfüllen können. Sie vermutet, dass die Vergabe der neuen Stellen anderen Regeln folgt. Schon lange kann sie nicht mehr nachvollziehen, wie die Firmenpolitik in ihrer Abteilung läuft. Die Machtverhältnisse ihres Abteilungs- und ihres Bereichsleiters scheinen sich zu verschieben. Gern würde Frau Carl das verstehen, die immens hohe Arbeitsbelastung und ihre mittlerweile chronische Müdigkeit hindern sie aber daran. Diese politischen »Spiele« und Verflechtungen erscheinen ihr nach einem 12- bis 14-Stunden-Tag nicht mehr interessant, lieber konzentriert sie sich auf das Wichtige: die Arbeit.

Die Einsätze spät abends und am Wochenende erschöpfen Frau Carl. Sie kann nicht mehr das Wichtige vom Unwichtigen unterscheiden. Wichtig ist hier ihre Vermutung, dass sich die politischen Verhältnisse in ihrer Abteilung verändert haben. Wenn Frau Carl weiter kommen möchte, ist für sie die bedeutendste Information, wer zukünftig Entscheidungen bezüglich der Beförderungen aussprechen darf. Vielleicht hält sich Frau Carl schon seit einiger Zeit an den Falschen und wundert sich, warum es mit ihrer Karriere nicht voran geht.

Relativ unwichtig ist zu diesem Zeitpunkt, ob sie alle Projekte perfekt abarbeitet. Frau Carl empfiehlt sich durch die 12 bis 14 Stunden Arbeit pro Tag nicht für höhere Positionen. Ganz im Gegenteil: Wenn sich Frau Carl nicht aus dieser aktuellen Situation löst, wird sie bald mit einem Burnout aus dem Unternehmen ausscheiden. Für Sie wird es eine große Enttäuschung sein, so wenig gesehen worden zu sein, obwohl sie sehr viel gearbeitet hat.

Was können Sie an Frau Carls Stelle tun?

Woran erkennen Sie, ob Ihr Arbeitgeber Nacht- und Wochenendarbeit »verordnet«, um Sie klein zu halten – oder ob diese Mehrarbeit wirklich gerade notwendig ist? Eine Checkliste soll Ihnen dabei helfen. Stellen Sie sich die folgenden Fragen:

- Dauert dieser Arbeitszustand schon länger als drei Monate an?
- Gibt es Abteilungen, die einen wesentlich geringeren Arbeitsaufwand haben?
- Verlässt Ihr Vorgesetzter vor Ihnen das Büro?
- Haben Sie das Gefühl, noch Wichtiges von Unwichtigem unterscheiden zu können?
- Werden trotz Ihres hohen Arbeitseinsatzes nicht Sie, sondern andere Mitarbeiter befördert?

Wenn Sie hier mehrmals mit »ja« geantwortet haben, sollten Sie die Arbeitssituation dringend verändern. Hierzu gehört zunächst, sich klar abzugrenzen. Definieren Sie die Arbeit, die in Ihrer Abteilung wirklich wichtig ist und geben Sie die anderen Aufgaben konsequent an die Ihnen untergebenen Mitarbeiter ab. Wenn das nicht möglich ist, dann suchen Sie mit Ihrem Vorgesetzten das Gespräch und bitten um eine personelle Unterstützung – interimsweise oder auch auf Dauer. Um hier gut vorbereitet zu sein, sollten Sie circa eine Woche lang Ihre Aufgaben und den zeitlichen Aufwand dafür dokumentieren. So kann Ihr Chef sich nicht herausreden, dass die Mehrarbeit nur an Ihrem schlechten Zeitmanagement liegt. Lehnen Sie die Übernahme neuer Projekte konsequent ab, es sei denn, Sie können im Gegenzug andere Tätigkeiten abgeben oder erhalten personelle Unterstützung.

Arbeiten Sie über acht Stunden am Tag, so werden Sie ineffizient. Das ist zwar allgemein bekannt, es wird nur leider nicht immer beachtet. Eine Arbeit, die Sie nach acht Uhr beginnen, werden Sie am nächsten Tag in der Hälfte der Zeit bewältigen können.

Nacht- und Wochenendarbeit kann auch eine Strategie sein, um Ihnen den Blick auf den externen Markt zu verschleiern. Wenn Sie auch Ihre private Zeit im Unternehmen verbringen, haben Sie keine Möglichkeit, Ihren Marktwert zu überprüfen und vielleicht zu der Erkenntnis zu kommen, dass das Unternehmen Sie nicht leistungsgerecht bezahlt.

An dieser Stelle sei noch einmal betont: Nicht die »Arbeits- und Nachtbienen« werden zu Führungskräften befördert. Diese benötigt man im Unternehmen für die operative Umsetzung. Dort sind Sie unverzichtbar. Also lassen Sie sich nicht zur nächtlichen Arbeitsbiene degradieren.

Beispiel ### Herr Stolz wird wütend

Herr Stolz ist in einem Unternehmen als Führungskraft tätig, in dem die Nacht- und Wochenendarbeit über einen langen Zeitraum zur Normalität wird. Es ist geplant, Herrn Stolz und die anderen Mitarbeiter klein zu halten und sie trotzdem an das Unternehmen zu binden. Dies geschieht durch erhöhte Belastung, um alle an die Grenzen ihrer Leistungsfähigkeit zu bringen, denn dann muss man mit ihnen keine Gehalts- und Beförderungsgespräche führen.

Am Anfang lässt sich die erhöhte Arbeitszeit mit tatsächlich anfallenden Arbeiten vertreten. Nach einigen Monaten ändert es sich jedoch. Die Führungskräfte und Mitarbeiter in dem Unternehmen einigen sich stillschweigend, diesen Ausnahmezustand als Normalzustand anzunehmen. Als Mitarbeiter heißt dies, das Unternehmen abends nie vor 20 oder gar 22 Uhr zu verlassen. Auch wenn die Arbeit um 18 Uhr getan ist, gestaltet sich die unausgesprochene Arbeitszeit deutlich länger – und erstaunlicherweise hält sich daran auch jeder. Das Gleiche spielt sich am Wochenende ab. Der Vorstand zitiert die unterbezahlten Führungskräfte an Samstagen und Sonntagen mit dem Hinweis ins Unternehmen, man müsse Wichtiges besprechen. Dort angekommen, wartet Herr Stolz manchmal mehrere Stunden auf seinen Termin mit dem Vorstand. Nach zwei bis drei Stunden Wartezeit beschließt dann der Vorstand das Thema, wegen dem Herr Stolz in die Firma gekommen ist, auf die folgende Woche zu verschieben. Der Samstag oder Sonntag ist vorbei, und Herr Stolz fährt wütend nach Hause.

| Strategie | **Dem Vorstand auf Augenhöhe begegnen und Grenzen setzen** |

Herr Stolz hätte von vornherein konsequent Grenzen setzen sollen. Er sollte sich bewusst machen, dass dies »nur« ein Arbeitsplatz ist und nicht der Ersatz seines privaten Umfeldes. Wenn er schon so freundlich ist und in Stoßzeiten am Wochenende arbeitet, so darf er vom Arbeitgeber erwarten, dass er die Termine mit ihm einhält. Tut er dies nicht, so würde ich Herrn Stolz empfehlen, dies anzusprechen und bei Verschiebungen nach Hause zu gehen. Die Erfahrung zeigt, dass man sich bei seinem Arbeitgeber damit mehr Achtung verschafft, als wenn man alles mit sich machen lässt.

Seien Sie skeptisch, wenn von Ihnen gefordert wird, vermehrt am späten Abend und an den Wochenenden zu arbeiten. Dies kann eine Strategie sein, um Sie in Schach zu halten. Nach einem Acht-Stunden-Tag werden Sie in der Regel keine vernünftigen Arbeitsergebnisse mehr zustande bringen, und auch geistige Höhenflüge sind zu diesem Zeitpunkt nicht mehr zu erwarten.

Um Karriere in einem Unternehmen machen zu können, müssen Sie ausgeschlafen sein, insbesondere deshalb, um politische Verflechtungen und Machtspiele zu verfolgen, zu analysieren und sich selbst zu platzieren.

Den Mitarbeitern das Gefühl geben, sie seien zu nichts fähig

Eine weitere Methode, Sie als Mitarbeiter klein und gefügig zu halten, ist der Appell an Ihr Ego. Die permanente Botschaft der Geschäftsführung, Sie seien zu nichts fähig und könnten froh sein, überhaupt in dem Unternehmen beschäftigt zu werden, raubt einem konsequent das Selbstbewusstsein. Auf dem Markt draußen hätten Sie, so wird Ihnen vermittelt, mit Ihren Arbeitsergebnissen überhaupt keine Chance.

Wie jeder andere Mitarbeiter werden Sie sicher versuchen, Ihr Können in das Unternehmen einzubringen. Nicht immer klappt der Transfer des angesammelten Wissens in die Firma. Dies erlebt man gerade bei Studienabgängern, die ihr theoretisches Wissen nicht immer auch in praktische Arbeitsergebnisse umsetzen können. Und natürlich – auch das sei an dieser Stelle erwähnt – gibt es Mitarbeiter, die effizienter arbeiten und effektiver den Unternehmenswert steigern als andere. Nur selten ist es aber so, dass Firmen Mitarbeiter über einen längeren Zeitraum beschäftigen, die so gut wie keine brauchbaren Ergebnisse produzieren. Wenn sich Ihr Arbeitgeber für die Weiterbeschäftigung eines Mitarbeiters entscheidet, der keine adäquaten Fähigkeiten besitzt, dann hat das bestimmte Gründe. Zum Beispiel, dass er über eine Quotenregelung in das Unternehmen gekommen ist und Ihr Arbeitgeber diese Auflage erfüllen möchte. Da es ihm in diesem Fall nicht unmittelbar um einen produktiven Mitarbeiter geht, akzeptiert er unter Umständen auch jemanden, der wenig effizient arbeitet. Die Beschäftigung erfolgt dann aber nur unter der Prämisse, dass der Mitarbeiter aber auch keinen Schaden anrichtet.

Wie kommt es dann, dass man in vielen Unternehmen das Gefühl hat, sie seien mit den Arbeitsergebnissen ihrer Mitarbeiter nicht zufrieden, diese Mitarbeiter aber trotzdem weiter beschäftigt werden?

Dies geschieht, um Sie (und auch andere Mitarbeiter) klein und gefügig zu halten. Wenn Sie permanent die Nachricht erhalten, Sie seien eigentlich zu nichts fähig und Ihre Ergebnisse seien nicht zufriedenstellend, werden Sie eines mit Sicherheit nicht tun – sich um Ihr Weiterkommen in der Firma bemühen. Ganz im Gegenteil, Sie werden versuchen, Ihrem Arbeitgeber endlich zu beweisen, dass auch Sie etwas leisten können und dafür viel mehr operativ arbeiten.

Beispiel   **Herr Weiß verliert an Selbstvertrauen**

Herr Weiß ist 32 Jahre alt und seit zwei Jahren in einem Konzern in Frankfurt angestellt. Er ist Ingenieur und hat zuvor schon in einem anderen Unternehmen gearbeitet. Der alte Arbeitgeber von Herrn Weiß war mit seinen Arbeitsergebnissen immer sehr zufrieden. Herr Weiß dachte, der Schritt in einen großen, internationalen Konzern sei nun genau richtig, um seine Fähigkeiten an anderer Stelle einzubringen und Karriere zu machen. Mit diesem Ansatz und einer großen Portion Selbstbewusstsein ist er vor zwei Jahren in dem großen Konzern angetreten.

Seitdem läuft aber alles anders als geplant. Das Selbstbewusstsein von Herrn Weiß hat sehr gelitten. Mittlerweile ertappt er sich sogar dabei, neue Arbeitsaufträge mit Bauchschmerzen anzunehmen, da er zu oft in den letzten Monaten gehört hat, seine Ergebnisse seien unterdurchschnittlich. Herr Weiß kann sich das nicht erklären. Nach seinem Empfinden haben sich sein Engagement und seine Arbeitsqualität in den letzten Jahren eher verbessert als verschlechtert. Herr Weiß ist verzweifelt. Was kann er tun, um wieder besser zu werden? Und warum hat sich seine Leistung verschlechtert? Kann er seiner Einschätzung nicht mehr vertrauen?

Da er für ein bestimmtes Produkt verantwortlich ist und keine direkten Kollegen hat, die ihm Rückmeldung bezüglich seiner Arbeitsergebnisse geben können, muss er darauf vertrauen, dass sein Vorgesetzter die Situation richtig einschätzt und ein objektives Feedback gibt. An sein Weiterkommen denkt Herr Weiß gar nicht mehr. Er hat mittlerweile bereits Angst, seinen Arbeitsplatz zu verlieren – das hat der Vorgesetzte in einem der letzten Gespräche indirekt angesprochen. Was soll er tun?

Strategie 1   **Selbstkritik: Haben sich meine Arbeitsergebnisse wirklich verschlechtert?**

Zunächst sollte Herr Weiß überprüfen, ob an der Kritik seiner Arbeitsergebnisse etwas dran ist. Es gibt Lebensphasen oder äußere Belastungssituationen bei Mitarbeitern, die dazu führen können, dass die Arbeitsergebnisse nicht mehr ganz so gut ausfallen wie üblich. Das heißt, der erste Schritt von Herrn Weiß wäre, zu prüfen, ob es einen Anlass gibt, aufgrund dessen er nicht mehr so konzentriert bei der Arbeit ist wie früher. Wenn Herr Weiß keinen direkten Kollegen hat und seine Arbeitsergebnisse unmittelbar seinem Vorgesetzten präsentieren muss, so ist es für ihn natürlich schwierig, jemanden zu finden, der ihn zusätzlich beurteilt. Dann hat Herr Weiß nur die Möglichkeit, seine Arbeitsergebnisse Kollegen zu zeigen und um einen Kommentar zu bitten, bevor er sie seinem Vorgesetzten abgibt.

| Strategie 2 | **Den Vorgesetzten konkret nach den Fehlern fragen** |

Eine weitere Möglichkeit ist es, dass Herr Weiß versucht, seinen Vorgesetzten festzunageln, in dem er von ihm verlangt, dass er klar die konkreten Fehler benennt. Erklärt er sich dazu nicht bereit, kann das ein Indiz dafür sein, dass Ihre Arbeitsergebnisse gut sind und er aus taktischen Gründen falsche Kritik einsetzt.

Vielleicht kommt Herr Weiß auch zu dem Ergebnis, dass sich seine Produktivität und die Qualität seiner Ergebnisse eher verbessert als verschlechtert hat. So muss bei ihm der Verdacht aufkommen, dass vielleicht genau das Gegenteil der Fall ist und er ein wichtiger Leistungsträger im Unternehmen ist, die Firma ihn aber klein halten möchte, indem sein Vorgesetzter ihm suggeriert, seine Arbeitsergebnisse seien schlecht. Dies geschieht in der Hoffnung, dass Herr Weiß sich in der nächsten Zeit mehr auf die operative Arbeit konzentriert als darauf, karrieremäßig weiterzukommen und dass ihm ja nicht einfällt, zum Wettbewerber abzuwandern und seine Arbeitsleistung woanders einzubringen.

| Strategie 3 | **Diskussion von Beispielen** |

Möglich wäre auch, dass Herr Weiß sich ein bis zwei konkrete Arbeitsbeispiele heraussucht und diese mit seinem Arbeitgeber bespricht. Dies sollte insbesondere mit der Frage einhergehen, was dieser als Ergebnis gewünscht hätte. Hier wird Herr Weiß merken, ob es eine konstruktive Kritik oder nur pauschale Anmerkungen gibt. Sie können sicher sein, dass Ihr Arbeitgeber ein großes Interesse daran hat, mit Ihnen gemeinsam Fehler zu berichtigen. Sind diese Fehler aber nur vorgeschoben, so wird das Feedback an Sie auch nicht konkret ausfallen.

Wie erkennen Sie, ob Ihre Arbeit grundlos abgewertet wird, um Sie klein zu halten?

Es gibt Anzeichen dafür, ob Unternehmen das Mittel der Abwertung einsetzen, um Sie klein zu halten. Sie sollten auf Folgendes achten:

- Wie wird in dem Unternehmen generell mit Kritik und Lob umgegangen? Gibt es überhaupt Situationen, in denen Arbeitsergebnisse
  positiv erwähnt werden?
- Fördert und befördert das Unternehmen Mitarbeiter? Kommt das
  Unternehmen direkt auf begabte Mitarbeiter zu, um ihnen neue Positionen anzubieten, oder versucht die Firma, das bestehende Organigramm flach und stabil zu halten?
- Ist die Kritik an Ihrer Arbeit konstruktiv? Können Sie diese Kritik
  nachvollziehen und daran arbeiten? Oder bleibt Sie auf einer genera-
  lisierenden, emotionalen Ebene, die Sie nicht greifen können und
  woraus sich auch keine klaren und eindeutigen Handlungsschritte
  ergeben?

Wenn Ihr Vorgesetzter Sie über einen längeren Zeitraum kritisiert und
abwertet – Ihnen aber nicht nahe legt, das Unternehmen zu verlassen – sollten Sie besonders hellhörig werden. Sie können sicher sein,
dass Ihr Arbeitgeber Sie nicht über einen längeren Zeitraum beschäftigen würde, wenn er mit Ihren Arbeitsergebnissen nicht zufrieden ist.
Sollte das Thema nie in diese Richtung gehen, die Kritik und Abwertung aber regelmäßig erfolgen, so dürfen Sie davon ausgehen, dass Ihre
Arbeitsleistung gut ist und Ihr Arbeitgeber die Abwertung strategisch
einsetzt, um Sie nicht größer werden zu lassen. Überlegen Sie sich gut,
ob das Unternehmen in diesem Fall wirklich zu Ihnen passt und Sie bereit sind, eine permanente Abwertung in Kauf zu nehmen. Diese wird
Spuren bei Ihnen hinterlassen und es Ihnen schwer machen, Selbstbewusstsein aufzubauen, um weitere berufliche Schritte zu gehen.

Ihnen das Gefühl zu geben, Sie brächten keine angemessene Arbeitsleistung, ist ein strategisches Mittel, um Sie klein und gefügig zu halten. Sind
Sie einmal in dieses Karussell der Abwertung gelangt, ist es meist nur
durch einen externen Coach möglich, die eigene Arbeitsleistung wieder
positiv zu bewerten. Generell sollten Sie einfordern, dass Kritik Ihres Vorgesetzten an Ihrer Arbeit und Ihren Ergebnissen immer konkret erfolgt.
Nur so haben Sie die Möglichkeit zu überprüfen, ob es wirklich um die
Arbeitsergebnisse geht oder nur darum, Sie nicht wachsen zu lassen.

Falsche Marktdaten anderer Unternehmen werden verbreitet

Wie schürt man Angst bei Mitarbeitern? Wie gibt man ihnen das Gefühl, dass sie von Glück sprechen können, in dem Unternehmen tätig sein zu dürfen oder warum kommen sie selbst zu der Erkenntnis?

Ihr Arbeitgeber verbreitet falsche Marktdaten

Um den Markt, in dem Ihre Firma tätig ist, überhaupt einschätzen und Aussagen über die Entwicklung machen zu können, müssen zuerst die Marktdaten über Auslastung, Kapazität und Nachfrage erforscht werden. Dazu werden in vielen Fällen folgende Daten herangezogen: Marktanteile der Mitbewerber, Besetzung der Marktsegmente sowie Konkurrenten und deren Strategie.

Stellen wir uns vor, Ihr Arbeitgeber verbreitet im Unternehmen falsche Marktdaten anderer Unternehmen. Das heißt, er stellt die Wettbewerber und den externen Markt schlechter dar, als er tatsächlich ist.

Nun fragen Sie sich vielleicht, ob das wirklich funktioniert, weil die Mitarbeiter doch auch über eigene Informationsquellen verfügen, um sich ein Bild von Wettbewerb und Markt zu machen. Und mit diesem Einwand haben Sie – zumindest objektiv betrachtet – Recht. Jeder Mitarbeiter eines Unternehmens hat die Möglichkeit, sich über Marktdaten zu informieren – auch, um einen Vergleich mit seinem jetzigen Arbeitgeber zu ziehen. Ich stelle jedoch fest, dass Mitarbeiter sich diese Daten oftmals nicht beschaffen. Oder sie verfügen über diese Daten, vertrauen aber trotzdem der Einschätzung ihres Arbeitgebers. Und wenn ihr Arbeitgeber sie klein und gefügig halten möchte und kein Interesse hat, sie an die besser bezahlenden Wettbewerber zu verlieren, so wird er den Markt und ihre Chancen nicht positiv schildern. Der Arbeitgeber ist zunächst einmal eine Instanz, der die Mitarbeiter Vertrauen entgegenbringen und auf dessen Urteil sie großen Wert legen. Selbst wenn sie zu anderen Ergebnissen kommen, wird die Meinung ihres Arbeitgebers für sie eine Instanz sein, die sie mit einbeziehen werden.

Vielleicht verbreitet der Arbeitgeber nicht wirklich falsche Marktdaten. Er stellt sie nur in einem anderen Kontext dar und wählt nur zum Beispiel die unattraktiven Daten und Informationen aus oder bewertet sie in eine Richtung, die subjektiv geprägt ist.

| Beispiel | **Unternehmen Bleib steht im Wettbewerb mit Unternehmen Chance** |

Das Unternehmen Bleib mit Sitz in München stellt fest, dass ein vermehrter Abgang an guten Mitarbeitern zu verzeichnen ist. Der Abgang erfolgt nicht wahllos, sondern zum Wettbewerber Chance. Zugegeben, wenn Unternehmen Bleib sich mit Unternehmen Chance vergleicht, so gibt es einige Attribute, die für Unternehmen Chance sprechen. Gerade die Höhe der Vergütung und auch die sonstigen Sozialleistungen – und mittlerweile auch das Arbeitsklima – sind in Unternehmen Chance deutlich attraktiver als in Unternehmen Bleib. Eine Möglichkeit für Unternehmen Bleib, die Mitarbeiter dennoch zu halten und zu binden, wäre, von Unternehmen Chance zu lernen und ähnliche Arbeitsbedingungen und Arbeitsstrukturen zu schaffen. Der Vorstand von Unternehmen Bleib ist jedoch nicht bereit, hier etwas zu verändern. Insbesondere eine Gehaltserhöhung der Mitarbeiter ist undenkbar. Weniger, weil das Unternehmen es nicht verkraften würde, sondern vielmehr aus Prinzip. Es hat ja auch sonst immer funktioniert, neue Mitarbeiter zu werben.

Also denkt sich Unternehmen Bleib eine neue Strategie aus. Diese lautet, den Wettbewerber, Unternehmen Chance, schlecht darzustellen. Über das Unternehmen Chance wird in Unternehmen Bleib viel gesprochen, weil dessen Marktstrategien Beobachtung finden und analysiert werden, denn das Unternehmen Bleib steht in direktem Wettbewerb zu Unternehmen Chance.

Der Vorstand von Unternehmen Bleib bittet ab sofort die vertrauten und eingeweihten Führungskräfte, im Unternehmen Daten und Fakten über Unternehmen Chance zu streuen, die dieses als potentiellen Arbeitgeber unattraktiv erscheinen lassen. Es sollen dabei keine falschen Daten verbreitet werden, aber vorhandene Daten in eine bestimmte (negative) Richtung interpretiert werden.

So gibt es in Unternehmen Chance zum Beispiel einen Fall, der genutzt werden kann, um das Klima dort als unangenehm und bedrohlich zu schildern, wohl wissend, dass ansonsten in dem Unternehmen ein gutes Verhältnis zwischen Führungskräften und Mitarbeitern herrscht. Vor einem Jahr hat ein Mitarbeiter, Herr Mann, von Unternehmen Bleib zu Unternehmen Chance gewechselt. Unternehmen Chance befand sich damals in der Situation, zwei Firmenübernahmen verdauen zu müssen und die Bestandteile und Mitarbeiter zu integrieren. In dem Unternehmen herrschte ein Klima des Aufbruchs, aber auch der Desorientierung. Darunter hatten zeitweise einige Mitarbeiter zu leiden und die Einordnung in das Organigramm war schwierig. Der Mitarbeiter Mann wurde Opfer dieses Zustandes. Als er bei Unternehmen Chance anfing, hatte er zwar ein deutlich höheres Gehalt, einen Firmenwagen und eine bessere Position, aufgrund der Firmenverschmelzung wurde diese aber wieder verändert und ein extern eingekaufter Mitarbeiter wurde ihm vorgesetzt. Herr Mann verließ nach nur einigen Monaten das Unternehmen, da er mit der neuen Struktur nicht zurecht kam.

Der Vorstand von Unternehmen Bleib bittet seinen vertrauten und engsten Führungskreis darum, diese Information über Unternehmen Chance zu verbreiten, angereichert mit der Botschaft, dass man bei Unternehmen Chance keine sicheren Arbeitsplätze finden würde, Versprechungen dort nicht eingelöst würden und das Unternehmen auch sonst unstrukturiert und ungeordnet sei. Der Vorstand ist sich darüber bewusst, dass dieser Fall eine Ausnahme im Unternehmens Chance war und sich mittlerweile die Verhältnisse wieder gerändert haben. Trotzdem nutzt er ihn, um das Unternehmen Chance als unattraktiven Arbeitgeber darzustellen.

Diese Art und Weise, aus dem Kontext gerissene oder in einen anderen Kontext gestellte und dadurch falsche Marktdaten zu kommunizieren, kann in jede beliebige Richtung erfolgen und ausgeweitet werden. Zahlen und Marktdaten sind immer in ihrem Zusammenhang zu betrachten und bedürfen einer differenzierten Interpretation.

Ist Ihr Arbeitgeber – weil er Sie halten will – daran interessiert, einen Wettbewerber (der für Sie vielleicht ein interessanter Arbeitgeber ist) schlecht dazustellen, so wird er die Arbeitsbedingungen dort natürlich nicht positiv oder wertneutral schildern.

Insofern sollten Sie immer ganz genau darauf achten, wie und in welchem Kontext Ihr Arbeitgeber andere Unternehmen darstellt, die für Sie interessant sein könnten.

Sie dürfen von Ihrem Arbeitgeber nicht erwarten, dass er Ihnen die Marktdaten anderer attraktiver Unternehmen neutral schildert. Um Sie zu halten, wird er versuchen, sein Unternehmen möglichst positiv darzustellen. In der Schilderung der Arbeitsbedingungen anderer Unternehmen wird er nach Schwachstellen suchen und diese in seinem Sinne ausschmücken. Seien Sie sich also darüber bewusst, dass die Aussagen Ihres Arbeitgebers subjektiv gefärbt sind und versuchen Sie, eigene Informationen über den derzeitigen Stand des Marktes und der Unternehmen zu erhalten, die Sie interessieren.

Interne Konkurrenz und Wettbewerb werden gezielt geschürt

Konkurrenz und Wettbewerb ist in jedem Unternehmen zu finden. Das ist in normaler Dosis förderlich, da es jeden Mitarbeiter anspornt, sein Bestes zu geben. Gefährlich wird es dann, wenn der Wettbewerb so hart ist, dass Sie sich als Mitarbeiter eher gelähmt als motiviert fühlen. Und auch dann, wenn die interne Konkurrenz und der Wettbewerb von Ihrem Arbeitgeber vorsätzlich geschürt wird.

Natürliche interne Konkurrenz

Eine natürliche interne Konkurrenz besteht zum Beispiel aufgrund dessen, dass Führungspositionen begrenzt sind und mehrere Mitarbeiter darum buhlen müssen. Schon daraus ergibt sich ein interner Konkurrenzkampf. Vielleicht steht nur eine begrenzte Anzahl neuer Büros zur Verfügung, oder nur einer kann die Abschlussrede bei einer Präsentation halten. All das sind Situationen im Unternehmen, in denen ein interner Wettbewerb zwischen den Mitarbeitern auftritt. Diesen würde ich als einen natürlichen Konkurrenzkampf bezeichnen.

Strategischer Einsatz von Konkurrenz

Davon zu unterscheiden ist der Wettbewerb im Unternehmen, der bewusst eingesetzt und vom Arbeitgeber gesteuert wird. Auf den ersten Blick mag es wenig verständlich sein, warum der Arbeitgeber daran interessiert ist, im eigenen Unternehmen Konkurrenz aufzubauen. Dabei muss man wissen, dass Konkurrenz zwar immer eher in einem negativen Kontext Erwähnung findet – jedoch auch sehr positive Seiten hat. Im Folgenden werden Beispiele genannt, die negative und positive Auswirkungen von interner Konkurrenz in Unternehmen verdeutlichen.

Negative Auswirkungen von Konkurrenz

- Sie sind mehr mit dem Konkurrenzkampf als dem eigentlichen Produkt/der Dienstleistung beschäftigt.
- Ihre ganze Energie geht dahin, Ihren Konkurrenten auszustechen und nicht, den Umsatz zu erhöhen.
- Insgesamt verschlechtert sich die Atmosphäre und das Klima unter den Mitarbeitern.
- Ihre Leistung wird nicht durch die des Anderen ergänzt, sondern Sie bekämpfen sich gegenseitig.

Positive Auswirkungen von Konkurrenz

- Sie bemühen sich jeden Tag, das Beste zu geben (Konkurrenz belebt das Geschäft).
- Sie wiegen sich weniger in Sicherheit, da die Konkurrenz nur darauf wartet, Ihre Schwächen festzustellen.
- Konkurrenz und Wettbewerb fordert Sie zu kreativen und innovativen Ideen heraus.

Wird Ihnen beim Lesen dieser Zeilen deutlich, warum der interne Konkurrenzkampf bewusst eingesetzt wird?

Ihr Arbeitgeber denkt, dass alle Mitarbeiter, die sich im Unternehmen und in ihrer Position in Sicherheit wägen, nicht mehr die Motivation haben, sich zu verbessern. Er befürchtet, dass Sie sich auf Ihrem Arbeitsplatz ausruhen und nicht mehr bereit sind, Höchstleistungen zu erbringen. Das ist aber genau das, was Ihr Arbeitgeber von Ihnen fordert. Innovationen entstehen nicht aus dem Gefühl heraus, dass alles in Ordnung ist und so bleiben kann. Sie entstehen nur dann, wenn Sie jeden Tag aufs Neue versuchen, aktuelle Abläufe und Produkte in Frage zu stellen und neue Nischen und Märkte suchen, in denen Sie sich behaupten können.

Ihr Arbeitgeber schürt also den internen Konkurrenzkampf, damit Sie sich jeden Tag aufs Neue anstrengen und Höchstleistungen erbringen. Ihr Arbeitgeber nimmt dabei billigend in Kauf, dass interner Konkurrenzkampf auch dazu führen kann, dass Sie mehr mit internen Abläufen und Firmenpolitik beschäftigt sind, als sich auf den externen Markt und die Kunden einzustellen. Insofern muss Ihr Arbeitgeber gegensteuern, wenn er bemerkt, dass der Konkurrenzkampf nicht mehr produktiv ist, sondern sich die Mitarbeiter intern bekämpfen und emotional zerstören. Man kann die negativen Auswirkungen interner Konkurrenz insbesondere an Unternehmen beobachten, die sich in einer Neustrukturierung befinden und in diesem Zuge Mitarbeiter abbauen.

Wenn die Mitarbeiter schlecht informiert sind und nicht in die Veränderungen mit einbezogen werden, werden sie einen Großteil ihres Tages damit verbringen, sich Informationen zu beschaffen und sich mit der Firmenpolitik auseinander zu setzen. Ihre zentrale Frage wird heißen: Wie positioniere ich mich, um meinen Arbeitsplatz zu sichern? Die Frage, wie man dem Unternehmen zu mehr Umsatz verhelfen kann oder kundenorientierter wird, ist dann sekundär. Insofern sind Unternehmen in Veränderungsprozessen immer besonders gefährdet, den Anschluss zum Wettbewerb zu verlieren. Das ist die Perspektive Ihres Arbeitgebers. Ihre als Mitarbeiter wird dagegen sein, mit dem aufgebauten Stress umzugehen und zu erkennen, welcher von Ihrem Arbeitgeber künstlich geschaffen ist und welcher nicht. Und letztlich macht es für Sie keinen Unterschied, denn für Sie geht es darum, Ihren Arbeitsplatz zu verteidigen und Konkurrenten auszuschalten. Müssen Sie dann auch noch mit den potentiellen Konkurrenten im Team arbeiten, weil die Aufgabe es so vorsieht, wird es doppelt schwer für Sie.

Die interne Konkurrenz zu beleben, hat für Ihr Unternehmen auch immer positive Auswirkungen. Diese werden genutzt, um von Ihnen als Mitarbeiter Höchstleistungen abzurufen und Ihnen das Gefühl zu geben, sich auf Ihrem Arbeitsplatz nicht in Sicherheit wiegen zu können.

Beispiel

Frau Ziller und Herr Loft im Konkurrenzkampf

Frau Ziller, 37 Jahre alt, ist seit drei Monaten neue Mitarbeiterin in einem Versicherungsunternehmen. Sie freut sich auf diese neue Aufgabe und soll dort den Marketingbereich verantworten und weiter ausbauen. Nachdem sie sich in allen anderen Fachabteilungen vorgestellt und um regelmäßige Information aus den anderen Abteilungen gebeten hat, stellt sie fest, dass die Kommunikation untereinander sehr schlecht verläuft.

Sie schiebt es zunächst darauf, dass sie in der Firma noch zu unbekannt ist und sich den Mitarbeitern mehr bekannt machen müsse. Also verabredet sie sich mittags regelmäßig mit den neuen Kollegen in der Kantine. Aber auch dadurch ändert sich nichts. Ganz im Gegenteil. Immer, wenn sie wichtige Fachinformationen, die sie für ihre Arbeit benötigt, in anderen Abteilungen abfragt, wird sie abgewiesen. Die Argumente, die ihr entgegenkommen, sind für sie nicht nachvollziehbar. Aufgrund mangelnder Information stellt Frau Ziller fest, dass ihre Arbeitsergebnisse – insbesondere die professionelle Vorbereitung von Auftritten und Events – eher schlecht sind. Sie selbst ist mit ihren Arbeitsergebnissen nicht zufrieden. Sie fragt sich, ob die anderen Kollegen nicht sehen, dass der gemeinsame Auftritt nicht professionell erfolgen kann, wenn Informationen zurückgehalten werden. Aber damit nicht genug. Die Behinderung ihrer Arbeit hat noch größeres Ausmaß:

Es ist nicht nur so, dass Frau Ziller wichtige Informationen aus anderen Abteilungen nicht zur Verfügung gestellt werden, seit einigen Tagen bemerkt sie außerdem, dass der PR-Bereich in dem Unternehmen versucht, ihr Events »abzunehmen«. Das heißt, der PR-Bereich plant zu gleichen Themen wie Frau Ziller externe Veranstaltungen. Jetzt versteht Frau Ziller überhaupt nichts mehr. Die Aufgabenverteilung ist in dem Unternehmen ganz klar geregelt – nur die Marketingabteilung bereitet Events vor und führt diese durch. Frau Ziller sucht das Gespräch mit dem Leiter der PR-Abteilung, Herrn Loft. Leider ist das Gespräch mehr als unbefriedigend. Herr Loft geht auf die inhaltliche Diskussion und die Themen- und Aufgabenverteilung in den einzelnen Bereichen überhaupt nicht ein. Stattdessen versucht er, Frau Ziller auszufragen, welche Quellen ihr bei der Vorbereitung von Events zur Verfügung stehen und was sie in den nächsten Monaten wo plant. Frau Ziller beendet das Gespräch und kehrt an ihren Arbeitsplatz zurück.

Was hat Frau Ziller übersehen?

Hat Frau Ziller etwas übersehen oder ist es ganz normal, dass in Unternehmen verschiedene Abteilungen gegenseitig versuchen, sich auszustechen? Meine Antwort darauf lautet: Es kommt auf das Unternehmen an, in dem Sie tätig sind. Es gibt Unternehmenskulturen, die den internen Wettbewerb schüren und diese Konkurrenz-Kultur leben. In diesen Firmen gibt es weniger ein Miteinander als vielmehr ein Gegeneinander: Jeder versucht sich bestmöglich – auch auf Kosten der anderen – zu platzieren. Wenn Sie in einem solchen Unternehmen arbeiten, müssen Sie sich entscheiden: Spielen Sie mit oder ist es Ihr inneres Bedürfnis und auch Ihr Verständnis von Zusammenarbeit, sich gegenseitig zu ergänzen? Das Unternehmenssystem, die Führungskräfte und deren Selbstverständnis legt das fest. Sie allein werden mit Ihrem anderen Ansatz der Zusammenarbeit das Unternehmenssystem nicht ändern können. Und für viele Unternehmen stellt sich auch gar nicht die Frage, ob der interne Wettbewerb und Konkurrenzkampf beigelegt werden soll. Zumindest dann nicht, wenn das Unternehmen sich profitabel und erfolgreich am Markt etabliert hat. Es ist vielmehr eine Frage der generellen inneren Haltung und der Führung, die hier den Ausschlag gibt. Und darum, diese ethisch und moralisch zu bewerten, geht es hier nicht.

Was kann Frau Ziller unternehmen, um sich durchzusetzen?

| Strategie 1 | **Informationen zurückhalten** |

Eine Vorgehensweise von Frau Ziller könnte sein, eigene Fach- und Sachinformationen im Unternehmen zurückzuhalten und zu dosieren. Das heißt, keine offene Kommunikation und keinen Kommunikations- und Informationsaustausch zu betreiben, sondern die Informationen wohl überlegt zu verteilen. Nie mehr zu geben, als nötig ist. Die Taktik lautet, sich selbst als Abteilung zu stärken und interessant zu machen, indem man nicht offen legt, was man tut und über welche Datenbanken, Analysen oder Informationen man verfügt. Eventuell empfiehlt es sich sogar, gezielt Informationen zurückzuhalten und konkurrierende Kollegen bei Besprechungen zu kompromittieren. Diese Strategie setzt aber voraus, dass Frau Ziller bereit ist, in diese Art von Firmenkultur einzusteigen. Das hängt von ihrer inneren Haltung und der Bereitschaft ab, sich wie oben beschrieben verhalten zu wollen.

Strategie 2	**Den Vorgesetzten auf das Problem ansprechen und für Klärung sorgen**

Frau Ziller hat auch die Möglichkeit, ihren Vorgesetzten auf die problematische Situation anzusprechen und ihm deutlich zu machen, dass sie das Spiel erkannt hat und nicht bereit ist, es mitzuspielen. Sie kann ihren Chef bitten, es zu unterlassen, die Kollegen gegeneinander einzusetzen. In der Tat setzt diese Art der Konfrontation eine große Stärke voraus. Frau Ziller hat die Wahl zwischen der direkten oder indirekten Ansprache des Problems. Ein kleiner Wink in einem Nebensatz von ihr kann schon ausreichen, um dem Arbeitgeber gegenüber deutlich zu machen, dass sie weiß, dass die Kollegen aufeinander gehetzt werden. Eine direkte Ansprache kann ihre Kündigung nach sich ziehen, wenn ihr Chef sich bedroht und peinlich ertappt fühlt.

Strategie 3	**Sich mit anderen Kollegen verbünden und das Gespräch mit dem Arbeitgeber suchen**

Frau Ziller kann sicher sein, dass auch viele andere Kollegen unter diesem künstlich geschaffenen Wettbewerb leiden. Insofern wäre es auch eine mögliche Strategie, sich mit anderen Kollegen zu verbünden und sie dazu aufzufordern, wieder kollegial miteinander umzugehen. Denn eines liegt auf der Hand: Der Arbeitgeber kann zwar die Impulse für einen internen Wettbewerb setzen, zur Durchführung benötigt er aber seine Mitarbeiter. Und wenn diese nicht mitmachen, wird seine Taktik nicht aufgehen.

Frau Ziller sollte sich hierzu in einem internen Gespräch mit ihren Kollegen zusammensetzen, ihren Eindruck von der Situation schildern und an das WIR-Gefühl im Unternehmen appellieren.

Seien Sie sich darüber bewusst, dass einige Unternehmen sowohl zwischen Kollegen als auch zwischen den einzelnen Abteilungen den internen Wettbewerb und die Konkurrenz schüren.

In einzelnen Fällen kann dieser interne Wettbewerb für Sie und das Unternehmen erfolgreich sein, da es Sie zu Höchstleistungen animiert. Destruktiv wird es für Sie und Ihre Karriere aber dann, wenn Sie Ihre gesamte Energie nur noch einsetzen, um Kollegen und interne Abteilungen zu bekämpfen. Das ist der Zeitpunkt, zu dem Ihnen bewusst werden sollte, dass Ihre Karriere hier nicht mehr optimal gefördert wird.

Doppelt besetzte Positionen

Eine extreme Form des Aufbaus interner Konkurrenz und Wettbewerb ist die Doppelbestzung von Positionen. Diese Form möchte ich an dieser Stelle explizit ansprechen, da sie in Unternehmen öfter vorkommt.

Wie kann es überhaupt dazu kommen, dass ein Unternehmen eine Position doppelt – das heißt mit zwei Mitarbeitern – besetzt? Merken es die Mitarbeiter nicht und kostet es das Unternehmen nicht deutlich mehr Geld?

Ihr Arbeitgeber entscheidet sich aber bewusst dafür, eine vakante Stelle bzw. Position im Unternehmen mit zwei Personen zu besetzen – wohlwissend, dass nur eine Person diese Position auf Dauer bekleiden kann. Ihr Arbeitgeber wird die Doppelbesetzung so direkt natürlich nicht ansprechen. Das wird er deshalb nicht tun, weil dann jedem denkenden Mitarbeiter klar ist, dass er instrumentalisiert wird. Das Unternehmen geht einen anderen Weg. Dieser sieht zum Beispiel so aus, dass Ihr Vorgesetzter die Situation in der Abteilung so dramatisch schildert, dass Ihnen klar scheint, dass diese in der Spitze Hilfe benötigt. Es werden zwei Leitungstitel vergeben. Später fällt Ihnen auf, dass auch die vermehrte Arbeit und Bedeutung einer Abteilung dies nicht rechtfertigt. Vielmehr müsste konsequenterweise eine fachliche Zuordnung der zwei Führungskräfte erfolgen oder eine neue Linie verfolgt werden.

Eine weitere Möglichkeit, die Ihr Arbeitgeber bei der Doppelbesetzung von Positionen wählt, ist, dass er die operative Arbeit an zwei Personen verteilt, aber die Titel auf den Visitenkarten nicht anpasst. So schafft er zwar auf der operativen Ebene eine Doppelbesetzung, diese tritt nach außen im Organigramm aber nicht auf. Sie wissen um den Zustand, können Ihren Arbeitgeber aber nur schwer damit konfrontieren, weil der Zustand nirgendwo definiert ist.

Die Methode der Doppelbesetzung wird in Unternehmen eingesetzt, wenn

– man Sie zur Kündigung drängen möchte und Sie nicht freiwillig gehen.
– in einer Abteilung für einen kurzen Zeitraum Höchstleistungen abgerufen werden sollen.
– man Sie als sehr begabten und leistungsfähigen Mitarbeiter in Schach halten möchte und dafür einen Konkurrenten in der Hoffnung einsetzt, dass Sie Höchstleistungen erbringen und sich mit dem internen Konkurrenten beschäftigen und nicht mit Ihrer weiteren Karriereplanung – denn diese kostet das Unternehmen Geld.

| Beispiel | **Herr Tat und Frau Hut im Konkurrenzkampf** |

Herr Tat ist seit zwei Jahren in einem Internetunternehmen angestellt. Er soll einen neuen Bereich zum Thema Interaktivität und Bezahldienste aufbauen. Herr Tat ist Anfang 30 und freut sich sehr auf die Aufgabe und das Vertrauen, das in ihn gesetzt wird. Zwei Jahre lang bereitet er alles vor. Sein Bereich zählt mittlerweile fünf Mitarbeiter und hat laut Marktstudien Zukunft. Der Vorstand ist mit der Arbeit von Herrn Tat durchaus zufrieden, schätzt jedoch die Marktchancen in dem Bereich etwas anders ein als Herr Tat. Dies kommuniziert er aber nicht. Frau Hut ist seit vier Jahren in dem Unternehmen. Sie ist ein wichtiger Leistungsträger, hat sich aber entschlossen, den Bereich, den sie die Jahre über verantwortet und aufgebaut hat, zu verlassen. Sie sucht in dem Unternehmen eine neue Herausforderung. Der Vorstand hört sich ihr Anliegen an und beschließt, ihr die Position neben Herrn Tat anzubieten. Frau Hut ist zunächst etwas irritiert, und auch Herr Tat kann sich mit dieser Idee nicht wirklich anfreunden. Immerhin hat er den Bereich in den letzten zwei Jahren alleine aufgebaut – warum sollte er neben sich eine neue Führungskraft dulden? Frau Hut und Herr Tat suchen zur Absicherung und in der Hoffnung, die neue Besetzung zu verstehen, das Gespräch mit dem Vorstand. Dem Vorstand ist dieses Gespräch sehr lästig, denn er möchte sich mit diesem Thema nicht wirklich beschäftigen und weiß, dass es keine Lösung gibt.

Das Ziel des Vorstandes mit der doppelt besetzten Stelle ist, Herrn Tat zu veranlassen, die Kündigung einzureichen. Der Vorstand war mit seiner Arbeit nicht vollkommen zufrieden und hat festgestellt, dass Herr Tat nicht in das Unternehmen passt. Der wird jedoch nicht von selbst auf die Idee kommen, das Unternehmen zu verlassen. Also möchte der Vorstand hier unterstützend tätig werden. Leider versteht Herr Tat diese indirekte Botschaft nicht.

Der Vorstand möchte Frau Hut gerne behalten und ihr eine attraktive Position anbieten – das kann für Frau Hut nur eine Führungsposition sein. Der Bereich insgesamt steht für den Vorstand auf dem Prüfstand. Zwar stellt er nach außen diesen Bereich als ein wesentliches neues Asset Kompetenzfeld dar, er selbst und auch die Analysten gehen jedoch davon aus, dass der Bereich weniger gewinnträchtig ist als erhofft.

Der Vorstand rechnet insofern damit, diesen Bereich komplett aufzulösen. Er hofft, dass der tägliche Konkurrenzkampf zwischen Herrn Tat und Frau Hut in der Zwischenzeit dazu geführt hat, dass Herr Tat von selbst kündigt. Solange das nicht geschieht, kann er sicher gehen, dass beide Höchstleistungen erbringen werden und den Bereich optimal unterstützen. Dieser Nebenkriegsschauplatz schafft für den Vorstand Zeit, eine geeignete Position für Frau Hut auszuwählen. Frau Hut wird sich mit großer Wahrscheinlichkeit in dieser Zeit des internen Kampfes bei keinem anderem Unternehmen bewerben.

Zunächst versuchen Herr Tat und Frau Hut freundlich und kollegial miteinander umzugehen. Frau Hut ist auf das Wohlwollen von Herrn Tat angewiesen, da sie anders nicht an Informationen des Bereiches kommt. Frau Hut ist deshalb sehr freundlich zu Herrn Tat, und dieser sitzt so zwischen zwei Stühlen: Er mag Frau Hut und würde ihr gerne weitere Informationen zur Verfügung stellen. Auf der anderen Seite ist Frau Hut eine Konkurrentin geworden, und deshalb verbietet es sich, ihr Daten zukommen zu lassen.

Nach anfänglich freundlichem Miteinander verändert sich die Stimmung. Herr Tat und Frau Hut versuchen, sich gegenseitig auszustechen. Der Vorstand beobachtet die Dynamik in der Abteilung und reibt sich die Hände. Es läuft alles nach Plan. Herr Tat wird von Frau Huts mächtigem Auftreten immer mehr in die Ecke gedrängt. Mittlerweile hat sie den Kontakt zu allen internen und externen Abteilungen und Dienstleistern, und auch die Mitarbeiter nehmen die Machtverschiebung wahr. Herr Tat fühlt sich immer entmachteter und kraftloser. Eines Tages beschließt er zu kündigen.

Der Vorstand und Frau Hut sind erleichtert. Endlich herrschen in der Abteilung wieder normale Zustände und sie wird von einer Person geführt. Frau Hut hat für diese internen Kämpfe mit Herrn Tat in den letzten Monaten viel Kraft aufgewandt. Sie ist erschöpft und hofft, dass sie nun die Abteilung vergrößern kann.

Vollkommen unerwartet wird sie daher von der Information des Vorstandes getroffen, dass man diese Abteilung nicht weiter führen möchte, da sie keine Profitabilität erwarten lässt. Frau Hut ist außer sich. Hat sie tatsächlich durch die Auseinandersetzungen mit Herrn Tat gar nicht mehr bemerkt, welche Projekte in dem Unternehmen fokussiert werden und welche nicht? Frau Tat steht nun mit leeren Händen da. Die Abteilung wird abgewickelt und sie hat ihre ganze Kraft in ein schon abgeschriebenes Projekt investiert.

Strategie 1 — Den Konkurrenzkampf aufnehmen und siegen

Herr Tat und Frau Hut können den internen Konkurrenzkampf gegeneinander aufnehmen und versuchen, den anderen auszustechen. Es wird die Person siegen, die den längeren Atem hat, bessere Politik betreiben kann und sich dem Arbeitgeber gegenüber positiver präsentiert.

Erlaubt sind alle Methoden und Techniken, die das Arbeitsleben zur Verfügung stellt. Das heißt für beide, die jeweiligen Schwachstellen des anderen herauszufinden und diese zu nutzen, zum Beispiel Informationen zu horten und zurückzuhalten. Dies ist kein wirklich schönes Szenario, aber eines, das in der Praxis immer wieder zu beobachten ist.

| Strategie 2 | **Sich verbünden und ein gemeinsames Feindbild schaffen** |

Beide haben auch die Möglichkeit, das Spiel so nicht mitzuspielen. Der Arbeitgeber kann zwar den Impuls setzen, mitmachen müssen aber die Mitarbeiter. Wenn diese sich sträuben, in Konkurrenz zueinander zu treten, so geht die Strategie des Arbeitgebers nicht auf. Dieses Vorgehen setzt allerdings voraus, dass beide Mitarbeiter erkannt haben, dass sie gegeneinander ausgespielt werden sollen und dass das eigentliche Feindbild nicht der jeweils andere ist, sondern die Person, die ihnen diese unangenehme Situation beschert hat. Es heißt, sich miteinander zu verbünden und das Gespräch mit dem Vorgesetzten zu suchen. In diesem sollte klar angesprochen werden, dass beide nicht bereit sind, diesen internen Kampf auszutragen.

| Strategie 3 | **Sich auf eine Aufgabenverteilung einigen** |

Wenn beide Mitarbeiter gesprächsbereit sind und die Doppelbesetzung erkannt haben, wäre es auch möglich, dass sie untereinander die Aufgaben verteilen, wohl wissend, dass es zwei Spitzen in der Abteilung gibt.

| Strategie 4 | **Eine alternative Position im Unternehmen suchen** |

Wenn einer der beiden Mitarbeiter diesen Kampf nicht führen möchte und sie sich nicht einigen können, könnten sich sowohl Herr Tat als auch Frau Hut eine andere Position im Unternehmen suchen. Je nach Größe der Firma und Einsatzbereich ist das nicht immer möglich. Einen Versuch, diese Möglichkeit zu überprüfen, ist es aber wert.

Es gibt Situationen, in denen Arbeitgeber mehrere Mitarbeiter (unausgesprochen) auf dieselbe Stelle setzen. Dies kann verschiedene Gründe haben. Ein Grund kann zum Beispiel sein, Sie abzulenken und daran zu hindern, sich mit Ihrer beruflichen Karriereplanung zu beschäftigen. Überprüfen Sie bei der Doppelbesetzung von Positionen immer ganz genau, ob es sich für Sie lohnt, diesen internen Kampf aufzunehmen.

Fachliche Degradierung

Auf welche andere Art und Weise kann es Ihrem Arbeitgeber gelingen, Sie für ein unterdurchschnittliches Gehalt zu beschäftigen? Er setzt Sie emotional unter Druck, indem er Sie öffentlich – das heißt vor anderen Mitarbeitern, Kollegen oder Kunden – fachlich degradiert. Damit erzielt er den Erfolg, dass Ihr Selbstbewusstsein kleiner ist denn je und Sie nicht mehr in der Lage sind, an weitere Karriereschritte zu denken. Was bedeutet fachliche Degradierung in diesem Zusammenhang? Degradierung ist die umgangssprachliche Bezeichnung für eine Herabsetzung oder auch Erniedrigung einer Person von ihrem ursprünglichen Rang innerhalb einer Hierarchie im Zuge eines Disziplinarverfahrens, also das Gegenteil einer Beförderung.

Wie erfolgt eine Herabsetzung oder Erniedrigung?
Die Herabsetzung oder Erniedrigung einer Person kann auf unterschiedliche Art und Weise erfolgen. Zu unterscheiden ist die fachliche Degradierung von der öffentlich-persönlichen Herabsetzung. Beide Arten der Degradierung können miteinander verbunden sein, aber auch selbstständig und getrennt voneinander erfolgen.

Fachliche Degradierung im Unternehmen
In einem Unternehmen bedeutet eine fachliche Degradierung, dass Sie in dem Ordnungssystem Ihres Unternehmens herabgesetzt werden. Das Ordnungssystem Ihres Unternehmens spiegelt sich in dem normierten oder auch gelebten Organigramm wider. Wir hatten bereits geklärt, dass das Organigramm Ihres Unternehmens eine grafische Darstellung der Ablauforganisation ist. Auch die Aufgabenverteilung und Leitung von Abteilungen spiegeln sich darin wider. Davon ausgehend bedeutet die fachliche Degradierung also, dass Sie

– eine Leitungs- oder Führungsfunktion verlieren und den normalen Mitarbeiterstatus erhalten.
– aus der Geschäftsführung eines Bereiches ausgeschlossen werden und die Bereichs- oder Abteilungsleitung übernehmen.
– von einer Bereichs- in eine Abteilungsleitung wechseln.

- von einer Hauptbereichsleitung in eine normale Bereichsleitung gesetzt werden.
- Sie zwar in der Funktion eines Abteilungsleiters bleiben, Ihr Team aber abgebaut wird oder Sie eine andere – weniger machtvolle und kleinere Abteilung – führen als zuvor.
- Ihren Titel im Unternehmen beibehalten, jedoch Ihre Unterschriftenvollmacht oder Prokura verlieren oder diese auf ein kleineres Limit festgesetzt wird.
- Sie zwar einen Leitungstitel beibehalten, an Ihre Seite aber ein weiterer Abteilungsleiter gesetzt wird.

Unterm Strich bleibt festzuhalten, dass Ihre Handlungsmacht im Unternehmen eingeschränkt wird. Dies kann mit dem Wegfall oder Wechsel Ihres Titels einhergehen – wenn Ihr operatives Aufgabengebiet verkleinert und begrenzt wird – muss es aber nicht zwangsläufig.

Bleiben wir noch kurz bei der fachlichen Degradierung: Warum möchte Ihr Arbeitgeber Sie fachlich degradieren und wie wirkt sich eine fachliche Degradierung auf Ihre Motivation aus?

Wie wirkt eine fachliche Degradierung auf Sie?

Nur in den seltensten Fällen wird eine fachliche Degradierung an Ihnen spurlos vorbeigehen. Die meisten Mitarbeiter sind stolz auf die Position und den Aufgaben- und Verantwortungsbereich, den Sie sich erarbeitet haben. Wird ihnen dieser wieder genommen – und durch keine gleichwertige oder höhere Position ersetzt – so folgt eine Demotivation.

Besonders am Anfang der beruflichen Karriere möchte man weiterkommen und sucht Entwicklung. Die fachliche Degradierung ist genau das Gegenteil. Es gibt zwar den einen oder anderen Einzelfall, in dem Sie sich über die fachliche Degradierung freuen, zum Beispiel dann, wenn Sie froh sind, wieder Ihren alten Arbeitsplatz bekleiden zu können. Jedoch ist es in diesen Fällen nicht die fachliche Degradierung, über die Sie sich freuen, sondern die Entlastung von zum Beispiel einer Führungsaufgabe, mit der Sie nicht glücklich sind. Gerade bei Spezialisten ist das hin und wieder zu beobachten. Sie vermissen in vielen Fällen das vertiefte operative Arbeiten und sind nicht glücklich mit ihrem Tagesgeschäft, Mitarbeiter zu führen und Unternehmenspolitik zu betreiben. Hier kann das Angebot des Arbeitgebers, wieder in den normalen Mitarbeiterstatus zu wechseln, auf Zustimmung treffen.

Um es aber deutlich zu sagen: In den meisten Fällen führt eine fachliche Degradierung zu Demotivation und Verunsicherung. Und genau Letzteres möchte Ihr Arbeitgeber erreichen, wenn er Sie klein halten will. Sie sollen verunsichert werden, so dass Sie nicht auf die Idee kommen, es könnte eine Beförderung oder ein höheres Gehalt anstehen.

Wodurch wird Ihre fachliche Degradierung nach außen deutlich?
Es gibt klassische Statussymbole, durch deren Veränderung oder Wegfall die fachliche Degradierung nach außen sichtbar wird. Diese Hinweise auf eine fachliche Degradierung sind:

- Die Veränderung Ihres Titels auf der Visitenkarte oder auf dem Büroschild.
- Der Firmenwagen wird Ihnen weggenommen oder es erfolgt ein Downgrade in eine kleinere Klasse.
- Privilegien, zum Beispiel Netzwerkmitgliedschaften, werden Ihnen entzogen.
- Es werden Ihnen nur noch Economyflüge und Bahnfahrten zweiter Klasse statt Businessclass und Bahnticket erster Klasse genehmigt.
- Sie verlieren den Firmenparkplatz in der ersten Reihe.
- Ihr Büro wird verkleinert.
- Ihr Büro wird aus der Chefetage in einen anderen Bereich des Unternehmens verlegt.

Je nachdem, wie und wodurch der soziale Status in Ihrem Unternehmen sich ausdrückt, sind den Spielarten der Degradierung hier keine Grenzen gesetzt.

Beispiel **Frau Jaspers Weg nach unten**
Frau Jasper, 40 Jahre alt, ist seit vier Jahren in einem Versicherungsunternehmen beschäftigt. Sie hat sich bis zur Abteilungsleiterin hochgearbeitet. Und sie ist sehr stolz darauf, für mittlerweile 10 Mitarbeiter zuständig zu sein. Aufgrund ihrer Position ist das Büro

25 qm groß und nur eine Etage unter dem Vorstand angesiedelt. Als Firmenwagen steht ihr ein BMW zur Verfügung, reisen darf sie grundsätzlich in der ersten Klasse oder in der Businessclass. Auf diese Vorzüge legt Frau Jasper auch sehr viel Wert. Generell definiert sie sich über ihren sozialen Status. Wenn alles klappt, so kalkuliert sie, wird sie in den nächsten zwei Jahren eine weitere Beförderung zur Bereichsleiterin erhalten und dann circa 80 Personen führen. Diese Aussicht motiviert Frau Jasper sehr, und sie kann sich derzeit kein besseres Unternehmen vorstellen, in dem sie tätig sein könnte.

Frau Doll, Vorgesetzte von Frau Jasper, sieht die Karrierechancen für sie jedoch ganz anders. Sie ist seit einem halben Jahr im Unternehmen und bemerkt, dass Frau Jasper vielfach mit ihr in Konkurrenz tritt. Sich permanent gegen Frau Jasper zu verteidigen und sie im Blick zu haben, ist für Frau Doll mehr als anstrengend. Und irgendwie passt die Chemie zwischen ihnen beiden auch nicht. Frau Doll würde viel lieber eine ihrer früheren Kolleginnen in den Betrieb holen, denn bei ihr könnte sie sicher sein, dass sie ihr treu ergeben ist und keine Konkurrenzkämpfe entstehen. Frau Doll wendet sich an ihre Chefin und fragt nach, ob es eine Möglichkeit gibt, Frau Jasper in einen anderen Bereich zu versetzen. Die Chefin verneint dieses, gibt Frau Doll aber »grünes Licht« bezüglich einer möglichen Kündigung von Frau Jasper. Entscheidend für die Chefin von Frau Doll ist aber, dass Frau Jasper das Unternehmen freiwillig und ohne große Abfindungssumme verlässt. Frau Doll darf selbst entscheiden, welchen Weg sie beschreitet, um Frau Jasper indirekt dazu aufzufordern, das Unternehmen zu verlassen. Frau Doll denkt kurz darüber nach und erinnert sich, dass Frau Jasper sehr viel Wert auf ihren sozialen Status im Unternehmen legt. Das heißt, wenn dieser verloren ginge oder sich verändern würde, könnte man Frau Jasper vielleicht dazu bewegen, das Unternehmen mittelfristig zu verlassen. Frau Doll eröffnet Frau Jasper also nach einigen Wochen, dass sie die Abteilung restrukturieren werde und Frau Jasper ihrer Meinung nach besser in einem anderen Fachbereich aufgehoben wäre. Sie bleibt weiter Abteilungsleiterin – hat zukünftig jedoch nur noch Personalverantwortung für zwei Mitarbeiter. Sie bittet Frau Jasper, in ein anderes Büro zu ziehen, um mit ihren zukünftigen Fachabteilungen näher zusammenzusitzen – das Büro befindet sich drei Etagen unten dem jetzigen und hat nur 12 qm. Frau Jasper ist außer sich und wendet sich an die Chefin von Frau Doll. Diese lässt sich auf das Gespräch mit Frau Jasper gar nicht erst ein, sondern verweist an Frau Doll, die von ihr alle Personalkompetenzen bekommen hätte, um selbst zu entscheiden, wie sie die Abteilung führen möchte. Frau Jasper ahnt, dass Frau Doll versucht, sie aus dem Unternehmen zu mobben und plant, dagegen vorzugehen.

In den ersten Monaten nach der Veränderung versucht Frau Jasper tapfer, die neue Aufgabe mit großer Motivation zu erledigen. Aber so recht will ihr das nicht gelingen. Seit der Versetzung herrscht zwischen Frau Jasper und Frau Doll Krieg – und Frau Jasper ist klar, dass Frau Doll am längeren Hebel sitzt. Ihre Motivation nähert sich dem Nullpunkt, sie ist stark verunsichert.

Strategie 1 | **Dokumentation der Vorgehensweise**

Frau Jasper sollte ihre fachliche Degradierung genau dokumentieren. Was ist ihr an welchem Tag mit welcher Begründung an Rechten entzogen worden? Wer hat was angeordnet? Anhand dieser Daten kann sie in einem Gespräch mit ihrem Vorgesetzten oder dem Betriebsrat konkret argumentieren. Wie sie die Dokumentation einsetzt und zu welchem Zeitpunkt sie mit wem in der Firma darüber spricht, hängt von dem jeweiligen Fall ab. Grundsätzlich sollte Frau Jasper nicht zu lange mit dem Gespräch warten. Liegen die ersten klaren Anzeichen ihrer fachlichen Degradierung vor, so sollte sie ihrem Vorgesetzten in einem Gespräch zeigen, dass sie dies wahrnimmt und um Gründe dafür bitten.

Strategie 2 | **Gespräch mit dem Vorgesetzten**

Der erste Schritt sollte das Gespräch mit ihrer Vorgesetzten, Frau Doll, sein. Anhand ihrer Dokumentation sollte sie darlegen, was ihr auffällt und sie fragen, ob sie die Situation ähnlich wahrnimmt. Mit einer klaren Ansprache zeigt Frau Jasper, dass sie sich gegen die Degradierung wehren kann. In der Praxis hat es sich bewährt, diese Dinge immer direkt anzusprechen, um auch von den Vorgesetzten ein klares Feedback oder eine Reaktion zu bekommen, aus der Sie Rückschlüsse ziehen können. Denn die Frage lautet ja, ob die fachliche Degradierung wirklich gewollt oder nur das Gefühl von Frau Jasper ist. Und wenn Frau Jasper herabgesetzt werden soll, was ist dann der

Grund dafür? Befürchtet der Arbeitgeber, dass Frau Jasper sonst zu schnell zu mächtig im Unternehmen wird und möchte sie deshalb klein halten? Oder gibt es eine neue Aufgabenverteilung und Frau Jasper soll einiges abgeben, dies wird jedoch nicht klar kommuniziert? Oder ist es ein Wink, dass Frau Jasper im Unternehmen nicht mehr gewollt ist?

Ziel von Frau Jasper in dem Gespräch mit ihrer Vorgesetzten sollte es sein, das herauszuhören, denn diese Information ermöglicht ihr einen angemessenen Umgang mit der Situation.

Strategie 3   ### Gespräch mit der Rechts- oder Personalabteilung

Frau Jasper könnte auch gleich das Gespräch mit der Rechts- oder Personalabteilung des Unternehmens suchen, denn dort kann das Verhalten ihrer Vorgesetzten gleich personell und rechtlich bewertet werden. Das ist zwar grundsätzlich eine Möglichkeit, sollte jedoch immer erst der zweite Schritt sein. Erfährt Frau Doll, dass Frau Jasper sich bereits bei der Rechts- und Personalabteilung beschwert und informiert hat, fühlt sie sich in die Enge getrieben. Ein Gespräch ist dann schwierig. Auch Frau Doll wird sich dann rechtlich beraten lassen und aus einem möglichen informellen Austausch wird schnell ein offizielles und formelles Gespräch.

Die Rechts- und Personalabteilung einzuschalten, ist deshalb erst zu einem späteren Zeitpunkt zu raten. Und zwar dann, wenn Frau Jasper trotz des Gesprächs mit Frau Doll weiter fachlich degradiert wird und Unterstützung zur Verteidigung ihrer Rechte benötigt.

Strategie 4   ### Gespräch mit dem Betriebsrat

Auch die Strategie, den Betriebsrat einzuschalten, sollte immer erst im zweiten Schritt erfolgen, wenn das Gespräch mit dem Vorgesetzten nicht positiv verlaufen ist.

Strategie 5   ### Beratung durch einen externen Rechtsanwalt

Natürlich kann sich Frau Jasper von einem externen Rechtsanwalt beraten lassen. Dieses sollte sie aber nicht offiziell kundtun. Ein Anwalt wird ihr im Zweifel auch nur rechtlichen, aber keinen tatsächlich taktisch klugen Rat geben können. Und in den meisten Fällen geht es nicht darum, sich rechtlich zu positionieren, sondern im gemeinsamen Gespräch erst einmal herauszuhören, warum die Degradierung erfolgt und welche einvernehmlichen Wege es gibt, dieses Vorgehen wieder zu verändern. Hier wird kein Rechtsanwalt helfen können.

> Achten Sie in Ihrem Unternehmen genau darauf, welche Privilegien mit welchem Status verbunden sind, insbesondere mit Ihrer Position. Ihren Status und die damit verbundenen Vorzüge sollten Sie verteidigen. Werden Sie hellhörig, wenn Ihnen auf einmal etwas gestrichen wird (zum Beispiel Mitgliedschaften in Netzwerken, Bahnfahrt in der 1. Klasse oder der Firmenwagen). Das kann ein Zeichen dafür sein, dass man Sie und Ihre Position entmachten will.

Öffentliche Degradierung

Neben der fachlichen Degradierung in einem Unternehmen gibt es auch die Möglichkeit für Ihren Arbeitgeber, Sie persönlich und öffentlich herabzusetzen. Je nachdem, wie stabil Sie emotional sind, wird Sie dieses mehr oder weniger belasten.

Wie erfolgt eine persönliche, öffentliche Herabsetzung?
Eine öffentliche Herabsetzung setzt voraus, dass Sie vor einer oder mehreren Personen herabgesetzt werden. Diese Personen können sein:

– andere Mitarbeiter
– Kollegen
– Vorgesetzte
– Kunden
– Kooperationspartner oder
– andere Externe

Persönlich herabsetzen kann Sie Ihr Arbeitgeber vor anderen, indem er

– Ihnen vor anderen Ihre Fehler vorhält.
– vor anderen feststellt, dass Ihre Arbeitsleistung und Ihr Arbeitseinsatz nicht genügend sind.
– sich über Ihre persönliche Eigenschaften, Ihr Aussehen, Ihre Klei-
  dung in einer Gruppe lustig macht.
– persönliche Dinge über Sie in der Gruppe erzählt, die nicht für
  Dritte gedacht sind.

Was sind die Folgen einer persönlichen, öffentlichen Herabsetzung?
Wie sich eine persönliche, öffentliche Herabsetzung auswirkt, hängt
sehr von Ihnen ab. Grundsätzlich kann man wohl festhalten, dass es für
die meisten Menschen äußerst unangenehm ist, vor mehreren Menschen
herabgesetzt werden. Eine persönliche Degradierung setzt in diesem
Zusammenhang voraus, dass Ihr Arbeitgeber willentlich eine Schwäche
von Ihnen offen legt, um Sie emotional und persönlich anzugreifen oder
lächerlich zu machen. Das erreicht er nur dann, wenn er weiß, welche
Informationen über Sie Ihnen unangenehm sind. Informationen oder
Daten über Sie, die so absurd sind, dass Sie sie gar nicht unangenehm
berühren oder die vielleicht wahr sind, Sie aber in Ihrer Aussage gar
nicht tangieren, eignen sich für Ihren Arbeitgeber nicht, um Sie herabzusetzen.

Der Effekt einer persönlichen, öffentlichen Herabsetzung kann sein,
dass

– Sie sich gedemütigt fühlen.
– Sie sich vor der Gruppe nicht mehr zeigen mögen.
– Ihr Selbstbewusstsein sinkt.
– Sie verunsichert sind.
– Sie durch die Verunsicherung erheblich mehr Fehler begehen.
– Sie nicht mehr handeln mögen oder können.
– Sie psychosomatische Beschwerden bekommen.
– Sie Angst haben, zur Arbeit zu gehen.
– Sie sich in der Firma in Ihrem Büro verkriechen.
– Sie das Unternehmen so schnell wie möglich verlassen möchten.

Der letzte Punkt ist das Ergebnis, das Ihr Arbeitgeber meist mit der persönlichen Herabsetzung erreichen möchte. Er will Sie »billig« loswerden – und sein Ziel ist erreicht, wenn Sie »freiwillig« kündigen und dann keine Abfindung kassieren.

Beispiel   **Die öffentliche Degradierung von Herrn Collmann**

Herr Collmann, 44 Jahre alt, ist seit elf Jahren Mitarbeiter in einem Kölner Unternehmen. Er steht auf der »Abschussliste« seines Arbeitgebers. Das ist ihm in den letzten Wochen mehrmals deutlich geworden. Das Unternehmen setzt auf junge und preiswertere Mitarbeiter, und Herr Collmann passt nicht mehr in dieses Schema. Mittlerweile hat er eine Frau und drei Kinder zu ernähren. Außerdem arbeitet er seit vielen Jahren für das Unternehmen und hat es schließlich auch zu dem gemacht, was es heute ist. Warum soll er sein Gehalt nach unten anpassen? Die Dinge werden sich richten, so denkt Herr Collmann. Bei dem nächsten wöchentlichen Jour Fixe stellt Herr Collmann fest, dass sein Vorgesetzter permanent versucht, ihn vor der Gruppe bloßzustellen. Herr Collmann ist verwirrt – bildet er sich alles nur ein oder ist das tatsächlich so? Herr Collmann beobachtet das Verhalten seines Vorgesetzten ihm gegenüber und stellt auch in den nächsten Treffen mit Mitarbeitern, Kollegen und Kooperationspartnern fest, dass er permanent durch kleine Anmerkungen abgewertet wird. Dies passiert zum Beispiel folgendermaßen:

Alle Mitarbeiter der Führungsebene sitzen beim Jour Fix zusammen und gehen die aktuellen Projekte durch. Der Vorgesetzte von Herrn Collmann bittet ihn, seine aktuellen Projekte vorzustellen und bemerkt an dieser Stelle, dass Herr Collmann ja zur Zeit leider nicht der Schnellste sei und er sehr hoffe, dass Herr Collmann seine Sache trotzdem im Griff habe. Oder der Vorgesetzte bemerkt in einem Nebensatz, dass Herr Collmann ja zur Zeit abends immer etwas früher das Unternehmen verlasse und hoffentlich trotzdem heute alle Projekte vorstellen könne. Anscheinend liege ihm seine Freizeit derzeit sehr am Herzen. Herr Collmann ist unsicher, ob er seinen Vorgesetzten darauf ansprechen soll. Das Problem ist, dass er diese kleinen »Seitenhiebe« nicht so richtig fassen kann und sie gar nicht ernst nehmen möchte. Es ist ja nicht wirklich eine fachliche Degradierung seines Vorgesetzten. Trotzdem ist er innerlich sehr aufgewühlt.

Nachdem diese »Seitenhiebe« und Anspielungen auch in den nächsten Wochen kein Ende nehmen – ganz im Gegenteil, sogar verstärkt eingesetzt werden – leidet Herr Collmann zunehmend an Schlafstörungen und Magenschmerzen. Er mag kaum noch in das Unternehmen kommen und die Jours Fixe sind mittlerweile für ihn eine Qual. Herr Collmann spielt immer mehr mit dem Gedanken, das Unternehmen zu verlassen. Aber eigentlich kann er sich das nicht leisten – gibt es einen Ausweg?

| Strategie 1 | **Die Situation erkennen** |

Im ersten Schritt geht es erst einmal darum, dass Herr Collmann die Situation erkennt und feststellt, ob es sich hier um einen öffentlichen Angriff auf seine Person handelt oder ob der Arbeitgeber mit allen Mitarbeitern so umgeht. Herr Collmann sollte weiter darauf achten, in welchen Situationen sein Vorgesetzter ihn öffentlich degradiert. Gibt es dafür ein Muster, das sich wiederholt?

| Strategie 2 | **Kontern lernen** |

Herr Collmann sollte in einem weiteren Schritt lernen zu kontern. Das ist leichter gesagt als getan. Wenn er allerdings das Muster verstanden hat und weiß, in welchen Situationen und mit welchen Mitteln sein Arbeitgeber ihn öffentlich degradiert, so kann er sich darauf vorbereiten. Wichtig ist, dass er seinem Arbeitgeber zeigt, dass er das so nicht akzeptieren wird und sich nicht in die Opferrolle begibt. In vielen Fällen ist zu erwarten, dass der Arbeitgeber dann Herrn Collmann nicht weiter öffentlich zur Schau stellen wird, denn das kann auch für ihn peinlich sein. Vielleicht wird er sich ein neues Opfer suchen, das nicht kontert.

| Strategie 3 | **Verbündete unter den Kollegen suchen** |

Helfen würde es auch, wenn Herr Collmann sich Verbündete unter seinen Kollegen sucht, die ihn bei einer öffentlichen Degradierung unterstützen. Das setzt Stärke bei den Kollegen voraus, doch es gibt couragierte Menschen, die in solchen Situationen bereit sind, Unterstützung zu leisten. Letztlich sitzen alle Mitarbeiter in einem Boot, denn jedem kann dieser Degradierung widerfahren und niemand möchte so von seinem Arbeitgeber behandelt werden.

Die öffentliche Degradierung vor den Kollegen ist ein weiteres Mittel, um Sie klein zu halten – vielleicht auch, um Sie »billig« loszuwerden. Auch wenn Sie beim ersten Lesen dieses Kapitels denken, so etwas kann Ihnen gar nicht passieren, und wenn doch, so werden Sie sich dadurch nicht einschüchtern lassen, so fühlt es sich in der Situation häufig doch ganz anders an. Unterschätzen Sie nicht die Macht des Mobbings – denn nichts anderes ist die öffentliche Degradierung. Zeigen Sie Ihrem Arbeitgeber, dass Sie das so nicht hinnehmen und kontern Sie! Suchen Sie sich außerdem Verbündete unter den Kollegen.

Isolationshaft

Die Methode der Isolationshaft hört sich zunächst vielleicht zu unwahrscheinlich an, um sich in der Realität wiederzufinden. Welcher Mitarbeiter lässt sich isolieren und in »Unternehmenshaft« nehmen? Das passiert in mehr Fällen, als Sie wahrscheinlich glauben. Zunächst soll jedoch kurz beschrieben werden, was mit dem Begriff »Isolationshaft« in einem Unternehmen gemeint ist.

Isolationshaft heißt hier, den normalen und regelmäßigen Kontakt und die Kommunikation, den ein Mitarbeiter im Unternehmen hat, zu unterbinden beziehungsweise abzuschneiden. Der Mitarbeiter wird so behandelt, als sei er im Unternehmen nicht mehr anwesend. Er wird von dem täglichen und üblichen Kommunikationsfluss in der Firma isoliert. Er erhält zum Beispiel ein Einzelbüro, das Telefon wird ihm abgenommen und er darf keine Kunden mehr besuchen. Alle Mitarbeiter werden angewiesen, nicht mehr mit ihm zu sprechen.

Es ist zwar richtig, dass grundsätzlich kein Mitarbeiter in einem Unternehmen gefangen gehalten wird, sondern sich freiwillig dort aufhält. Mir geht es an dieser Stelle um etwas anderes. Mitarbeiter, die auf der »schwarzen Liste« eines Unternehmens stehen und für die ihr Arbeitgeber kein Geld zahlen möchte, um sie loszuwerden, werden zum Beispiel von den anderen Mitarbeitern und Kollegen isoliert. Vielleicht möchte ihr Arbeitgeber ihnen aber auch nur kurzfristig einen Dämpfer geben, um ihr Ego nicht zu groß werden zu lassen oder ihren Karriereweg in der Firma zu stoppen.

Wie isoliert Ihr Arbeitgeber Sie?

Ihr Arbeitgeber wird Ihren Kollegen die Anweisung erteilen, Sie in der nächsten Zeit zu meiden und mit Ihnen nur die notwendigsten Absprachen zu treffen. Die Helfershelfer des Arbeitgebers werden kontrollieren, ob sich die Mitarbeiter auch an diese Anweisung halten. Wenn nicht, werden sie ermahnt, dieser Anweisung Folge zu leisten.

Ihnen wird zum Beispiel ein separates Büro zugewiesen, in dem Sie keinen Kontakt mehr zu Ihren Kollegen haben. Ihr Mobiltelefon wird »einkassiert«. Reisebuchungen, ex- und interne Termine werden gestrichen. Es hängt von Ihrer psychischen Stärke ab, ob Sie diese Dinge über sich ergehen lassen oder sich von vornherein dagegen wehren. Sie sollten nicht vergessen, dass eine gegen Sie gerichtete Gruppe Sie enorm unter Druck setzen kann. Auch wenn Ihnen der hier geschilderte Fall abenteuerlich vorkommt, so ist es bei weitem kein Einzelfall.

Was sind die Folgen der Isolationshaft?

Je nachdem, wie lange Sie diesem Procedere ausgesetzt sind, wie konsequent diese Isolation durchgeführt wird und in welcher Art und Weise Sie sich dagegen wehren, werden die Folgen bei Ihnen mehr oder weniger stark ausgeprägt sein.

Mögliche Auswirkungen sind:

– starke Beeinträchtigung Ihrer Leistungsfähigkeit
– Störungen im Hormonhaushalt
– Kompensation über Süchte
– Konzentrationsschwierigkeiten
– depressive Verstimmungen
– Beeinträchtigung Ihres Selbstwertgefühls
– Verfolgungsängste
– psychosomatische Beschwerden

Wie können Sie sich dagegen wehren?

Wie können Sie sich gegen die oben beschriebene Isolationshaft wehren?

Der erste Schritt ist, Ihre Situation überhaupt zu erkennen. Sie können davon ausgehen, dass Ihr Arbeitgeber es nicht so offensichtlich einfädeln wird, dass Sie sofort merken, was mit Ihnen passiert. Er wird es in den meisten Fällen als einen schleichenden Prozess gestalten. Zunächst werden Sie vielleicht bemerken, dass die Kollegen nur noch kurz angebunden sind, dass Sie nicht mehr in Mitarbeiterrunden eingeladen werden und Ihnen ein (anderes) Einzelbüro zugewiesen wird. Sie werden sich wahrscheinlich immer schlechter fühlen, Ihr Gefühl aber nicht an einem bestimmten Ereignis festmachen können. Sie glauben, dass Ihnen das niemals passieren kann? Das haben viele Mitarbeiter gedacht und sich irgendwann in genau dieser Situation wieder gefunden. Halten wir also fest: Es ist zunächst wichtig, dass Sie erkennen, was gerade mit Ihnen passiert und es klar und deutlich an- und aussprechen. Als Nächstes sollten Sie mit einem Coach oder einem Rechtsanwalt die folgenden Schritte besprechen. Sie sollten nicht zulassen, dass Ihr Arbeitgeber oder Vorgesetzter Sie psychischer Gewalt aussetzt. Es gilt, sich frühzeitig professionelle Unterstützung zu holen.

Beispiel **Frau Eisen gerät in Isolationshaft**

Frau Eisen hat diesen Zeitpunkt leider verpasst. Seit Wochen stellt sie fest, dass an ihrem Arbeitsplatz nichts mehr so ist, wie es einmal war. Sie kann es gar nicht so richtig formulieren, aber fast jeden Tag scheint sich etwas in ihrem Arbeitsbereich zu verändern. Ihr Arbeitgeber findet immer sinnvolle Begründungen für die Veränderungen, daher fällt es Frau Eisen sehr schwer, das Problem bei ihrem Arbeitgeber anzusprechen. Sie merkt jedoch, dass es ihr Tag für Tag schlechter geht und die Kollegen sich immer mehr von ihr distanzieren. Noch vor wenigen Monaten verfügte sie über viel Freiraum im Unternehmen – nun werden ihr immer wieder Flüge gestrichen und sie musste in ein Einzelbüro umziehen. Sie fühlt sich in dem Unternehmen nicht mehr gewollt. Klar ist für sie aber auch, dass es für ihren Arbeitgeber teuer werden wird, wenn sie das Unternehmen verlassen soll. Sie hat jahrelang für einen kleinen Lohn gearbeitet und möchte nun auch von dem Gewinn des Unternehmens profitieren – wenn auch in Form einer Abfindung. Frau Eisen verpasst leider, ihrer Wahrnehmung zu folgen und sich externe Unterstützung zu holen. Einige Wochen später ist sie psychisch am Ende. Sie leidet unter heftigen psychosomatischen Beschwerden und will nur noch eines: Die Situation soll sich wieder entspannen.

Was ist Frau Eisen zu raten?

| Strategie 1 | **Dokumentation** |

Die erste ratsame Vorgehensweise im Fall von Frau Eisen ist, die Isolation schriftlich zu dokumentieren. Wann und mit welcher Begründung ist ihr ein Einzelbüro zugewiesen worden? Wer hat ihr das mitgeteilt? Wann ist die Kommunikation mit anderen Abteilungen und Kollegen eingestellt worden? Ist etwas Konkretes vorgefallen?

| Strategie 2 | **Auf Konfrontationskurs gehen** |

Um eine Isolation in einem Unternehmen durchzuführen, gehört immer einer dazu, der diese anordnet und eine andere Partei, die diese Isolation auch akzeptiert und sich unterwirft. Ein Tipp an Frau Eisen wäre, die ersten Anzeichen dieser Isolation laut und deutlich im Unternehmen anzusprechen, und zwar immer wieder an verschiedenen Stellen. Frau Eisen kann sicher sein, dass die meisten Mitarbeiter, die die Anweisung erhalten haben, nicht mehr mit ihr zu sprechen, ein hochgradig schlechtes Gewissen haben. Dieses sollte sie bei ihren Kollegen auch ansprechen. Mit großer Wahrscheinlichkeit wird dann einer der Kollegen kippen und sie vielleicht sogar unterstützen.

In welchem Ausmaß Frau Eisen auch ihren Chef konfrontiert, hängt von dem jeweiligen Fall ab. Frau Eisen sollte aber auf jeden Fall ihm gegenüber andeuten, dass sie wahrnimmt, was hier gerade geschieht und dass sie dieses Vorgehen nicht dulden wird. Ihr Vorgesetzter muss das Gefühl bekommen, dass Frau Eisen nicht Opfer dieser Maßnahme ist, sondern sich aktiv wehrt.

| Strategie 3 | **Verbündete suchen und sich aus der Isolation lösen** |

Auch wenn es Kraft kostet, sollte Frau Eisen sich unter ihren Kollegen Verbündete suchen. Wer hat ähnliche Erfahrungen gemacht? Sie könnte an die Loyalität der anderen appellieren und das Bewusstsein dafür schaffen, dass der Arbeitgeber auch mit jedem anderen Mitarbeiter so umgehen kann. Findet Frau Eisen den einen oder anderen Kollegen als Unterstützung, so wird sich ihr Vorgesetzter sicher noch einmal überlegen, ob er sie weiter isoliert.

Strategie 4 | **Gespräch mit dem Vorgesetzten**
Das Gespräch mit ihrem Chef ist zwar denkbar, aber sicher in dieser Situation nicht einfach. Frau Eisen sollte ihm gegenüber auf jeden Fall deutlich machen, dass sie die Isolation nicht akzeptieren wird und sich wehrt.

Strategie 5 | **Andere Fachabteilungen hinzuziehen**
Denkbar ist es, dass Frau Eisen die Personal- und Rechtsabteilung sowie den Betriebsrat hinzuzieht. Dies sollte aber erst dann erfolgen, wenn Frau Eisen die Situation nicht aus eigenen Kräften ändern kann.

Strategie 6 | **Einen externen Anwalt einschalten**
Einen externen Rechtsrat einzuschalten ist zwar grundsätzlich hilfreich, es wird im vorliegenden Fall aber eher darum gehen, die Gründe der Isolation zu erfahren und sich taktisch zu positionieren. Diese Hilfe wird ein externer Anwalt Frau Eisen kaum bieten können.

Parallel dazu: Unterstützung durch einen externen Coach oder Therapeuten suchen
Frau Eisen sollte in dieser Situation auf jeden Fall dafür sorgen, dass sie psychisch stabil bleibt. Der Kampf kann einige Zeit in Anspruch nehmen und wird an ihren Kräften zehren. Daher sollte sich Frau Eisen überlegen, ob sie sich für diese Zeit die externe Unterstützung eines Coaches oder Therapeuten sucht.

Die Isolation von Mitarbeitern im Unternehmen ist keine abenteuerliche Geschichte, sondern in dem einen oder anderen Unternehmen Realität, um Mitarbeiter klein zu halten. Lassen Sie sich nicht in dieses Verfahren hineinziehen, sondern sprechen Sie klar an, was gerade passiert und schaffen Sie Öffentlichkeit im Unternehmen.

Verwirrung im Organigramm:
Wer ist wem zugeordnet?

In letzter Zeit begegnet mir in Unternehmen immer öfter der Umstand, dass Verwirrung durch das Organigramm geschaffen wird. Die operative Tätigkeit eines Mitarbeiters und seine Abbildung im Organigramm kann nicht mehr zusammengebracht werden. Vielleicht hat das Unternehmen nur vergessen, die Einordnung vorzunehmen? Meistens wird es jedoch mit System betrieben, unter anderem, um Sie als Mitarbeiter klein zu halten.

Was genau unter einem Organigramm einer Firma zu verstehen ist, haben wir bereits an anderer Stelle definiert. Für Sie als Mitarbeiter in einem Unternehmen ist das Organigramm entscheidend, um sich in Ihrem Unternehmen zurechtzufinden. Sind Strukturen oder Weisungsbeziehungen in einem Organigramm nicht festgelegt, so laufen Sie Gefahr, falsche Entscheidungen zu treffen oder wichtige Schlüsselpersonen zu umgehen.

Warum werden Personen und Weisungsbeziehungen im Organigramm Ihres Unternehmens nicht abgebildet?

Grundsätzlich muss vorausgeschickt werden, dass normalerweise alle Strukturen und Weisungsbeziehungen in einem Organigramm abgebildet werden. Das Organigramm dient nicht als Politikum, um Verwirrung im Unternehmen zu schaffen, sondern genau das Gegenteil ist der Fall: Das Organigramm hilft den Mitarbeitern, sich in ihrem Unternehmen zurechtzufinden und zu wissen, wer in welcher Angelegenheit Entscheidungsträger ist. Insofern bleibt es eher eine Ausnahme, dass Positionen nicht abgebildet werden. Wenn das jedoch passiert, dann können Sie in den meisten Fällen davon ausgehen, dass es gewollt ist, diese Machtverhältnisse im Organigramm nicht abzubilden.

Es gibt Situationen oder Entscheidungswege, die in Ihrem Unternehmen nicht offen gelegt werden sollen. Ein Grund dafür kann zum Beispiel sein, Sie bei Entscheidungen im Dunkeln zu lassen. Der Vorteil Ihres Unternehmens ist es in diesem Fall, dass Sie nicht genau wissen, an wen Sie sich bezüglich einer Entscheidung zu halten haben. Das heißt, Sie irren im Unternehmen herum und kommen mit Ihren Projekten nicht weiter.

Beispiel   **Herr Stolls Autorität wird untergraben**
Herr Stoll arbeitet seit 10 Jahren in einem Berliner Versicherungsunternehmen. Vor einigen Wochen ist er befördert worden. Er soll zwei Teams führen, die jeweils aus zehn Mitarbeitern bestehen. Herr Stoll freut sich auf die Herausforderung. Leider gestaltet sich die Durchführung nicht ganz so, wie erwartet. Herr Stoll darf den Mitarbeitern zwar operative Anweisungen geben, personelle Entscheidungen wie Einstellungen, Kündigungen, Boni oder auch Abmahnungen darf er aber nicht fällen. Hierzu muss er immer direkt bei seinem Vorgesetzten Herrn Till nachfragen.

Dieses Spiel haben die Mitarbeiter von Herrn Stoll längst erkannt. Herr Stoll stellt fest, dass es seine Autorität untergräbt, keine personelle Entscheidungsbefugnis zu haben. Er kann zwar Arbeitsanweisungen erteilen, liefern die Mitarbeiter aber nicht die gewünschten Ergebnisse, so hat er keinerlei Sanktionsmittel. Herr Stoll ist dankbar über seine Beförderung und den Führungstitel, fragt sich aber, ob er tatsächlich eine Führungsrolle hat, wenn er keine personellen Entscheidungen fällen darf. Lange Zeit traut er sich nicht, seinen Vorgesetzten, Herrn Till, darauf anzusprechen. Er weiß, dass Herr Till nur ungern Macht abgibt und sich auf Weiteres sicher nicht einlassen wird. Die Situation in seiner Abteilung spitzt sich allerdings in der letzten Zeit zu. Die Mitarbeiter von Herrn Stoll warten, bis er seinen Arbeitsplatz verlässt oder einen Auswärtstermin wahrnimmt und wenden sich dann direkt an Herrn Till, um zum Beispiel Urlaubstage einzureichen. Herr Till entscheidet darüber auch und teilt Herrn Stoll am nächsten Morgen diese Ergebnisse mit. Herr Stoll ist jedes Mal wieder entsetzt darüber, weil es ihm seine Arbeitseinteilung und Zuordnung vollständig zerstört.

Herr Stoll ist ratlos – was soll er tun?

Strategie 1   **Die Situation erfassen**
Herr Stoll hat verpasst, in seinem Beförderungsgespräch das Thema Personalführung anzusprechen. Also muss er das nachholen. Um eine Grundlage für das Gespräch mit Herrn Till zu haben, sollte Herr Stoll die Situationen zunächst schriftlich notieren, die es ihm (aufgrund fehlender personeller und disziplinarischer Führungsbefugnis) erschweren, die Abteilung zu leiten. Insbesondere der Umstand, dass

seine Anweisungen von den Mitarbeitern und Herrn Till durchkreuzt und sabotiert werden, sollte er schriftlich festhalten.

| Strategie 2 | **Das Gespräch mit Herrn Till suchen** |

Mit diesen Informationen sollte Herr Stoll das Gespräch mit Herrn Till suchen. Zuvor sollte er sich auch noch einmal Gedanken darüber machen, was das Ziel von Herrn Till ist und was es ihm erleichtern könnte, die personelle und disziplinarische Führung abzugeben. Möchte er Herrn Stoll nicht wirklich als Führungskraft beschäftigen, hofft aber, dass er sich auf die entmachtete Form der Führung einlässt und damit zufrieden ist? Oder ist Herr Till nicht in der Lage, tatsächlich Macht abzugeben und behält sich vor, personelle Entscheidungen alleine zu fällen?

Vielleicht würde es Herrn Till ausreichen, wenn Herr Stoll vor wichtigen Mitarbeiteransprachen die Meinung von ihm einholt oder ihn bei wichtigen Gesprächen und Entscheidungen mit den Mitarbeitern dazu ruft. Generell sollte Herr Stoll in dem Gespräch klar machen, dass seine derzeitige fehlende disziplinarische Autorität dazu führt, dass Arbeitsergebnisse nicht wie gewünscht erbracht werden können. Das kann auch für Herrn Till nicht akzeptabel sein, denn letztlich kommt es darauf an, die Abteilungen erfolgreicher zu machen. Herr Stoll sollte gemeinsam mit Herrn Till erarbeiten, unter welchen Bedingungen und in welchen Bereichen Herr Stoll die disziplinarische Macht erhält, so dass beide erfolgreiche Arbeitsergebnisse präsentieren können.

| Strategie 3 | **Gemeinsames Gespräch mit Herrn Till und der Personalabteilung** |

Diesen Schritt sollte Herr Stoll erst dann gehen, wenn das Gespräch mit Herrn Till fruchtlos geblieben ist, insbesondere, wenn Herr Till sich weigert, auf einer sachlichen Ebene zu argumentieren und sich zu einigen.

| Strategie 4 | **Gespräch mit dem Vorgesetzten von Herrn Till** |

Es ist zwar grundsätzlich denkbar und auch möglich, dass Herr Stoll mit dem Vorgesetzten von Herrn Till spricht und diesen bittet, Herrn Till anzuweisen, Herrn Stoll auch die disziplinarische Führung zu übertragen. Wirklich klug wäre diese Entscheidung aber nicht. Herr Stoll darf nach einem solchen Gespräch davon ausgehen, dass das Verhältnis zwischen Herrn Till und ihm mehr als angespannt sein wird, da er die Regeln des Organigramms nicht beachtet hat. Außerdem ist fraglich, ob der Vorgesetzte von Herrn Till die Anweisung erteilen wird, Herrn Stoll mehr Macht einzuräumen.

Strategie 5   **Rücktritt von der Führung**
Herr Stoll hat die Möglichkeit, von dieser Art der Führungsposition zurückzutreten. Das ist zwar nicht zufriedenstellend, unterstreicht aber die Ernsthaftigkeit von Herrn Stolls Anliegen. Vielleicht gibt es im Unternehmen unter einem anderen Chef die Möglichkeit, die angemessenen Kompetenzen zu erhalten. Oder Herr Till lenkt bei dem Angebot von Herrn Stoll, die Führungsposition unter diesen Umständen wieder abzugeben, ein – mit der Folge, dass Herr Stoll die Macht bekommt, die er benötigt, um das Team zu führen.

Beispiel   **Frau Vase braucht Unterstützung**
Frau Vase ist seit einem Jahr Mitarbeiterin in einem Kölner Telekommunikationsunternehmen. Sie arbeitet viel und die Arbeit macht ihr Spaß. Seit einigen Monaten wird es ihr aber hin und wieder zu viel. Sie verantwortet zeitweise bis zu zehn Projekte gleichzeitig und ist langsam am Ende ihrer Kräfte. Die ersten körperlichen Ausfallerscheinungen machen sich bei ihr bemerkbar.

Also bittet sie ihre Vorgesetzte, Frau Aller, um eine personelle Entlastung. Ihre Vorgesetzte kann das Anliegen von Frau Vase gut verstehen und sieht ihren Einsatz. Auch sie glaubt, dass es sinnvoll wäre, ihr eine Mitarbeiterin zur Seite zu stellen. Leider hat sie darüber keine Entscheidungsbefugnis. Ihre Chefin wiederum, Frau Mette, darf Entscheidungen dieser Art treffen. Also vertröstet sie Frau Vase – macht ihr gegenüber aber nicht deutlich, dass sie selbst derartige Entscheidungen gar nicht treffen darf. Frau Aller gibt die Bitte und das Anliegen an Frau Mette weiter. Frau Mette vertröstet Frau Aller und sagt, dass zurzeit kein Budget für weitere Mitarbeiter zur Verfügung stünde.

Regelmäßig fragt nun Frau Vase bei ihrer Vorgesetzten nach, erhält jedoch immer die Auskunft, es sei noch keine Mitarbeiterin genehmigt worden. Frau Vase ist verzweifelt. Was soll sie denn noch machen, als immer wieder ihrer Vorgesetzten zu zeigen, wie überlastet sie ist?

Frau Vase hat noch nicht erkannt, dass ihre Vorgesetzte keine Möglichkeit hat, personelle Entscheidungen zu treffen. Daher wartet sie vergeblich auf eine Antwort und wendet sich an die falsche Person. Das ist Strategie des Unternehmens, denn Frau Mette möchte mit diesen Fragen nicht belästigt werden – also schickt sie Frau Aller vor. Frau Vase wird die eingeschränkte Macht ihrer Vorgesetzten vermutlich spätestens zu dem Zeitpunkt feststellen, in dem es um ihre Gehaltserhöhung oder eine Bonuszahlung geht. Dann wird ihre Vorgesetzte auf Frau Mette verweisen. Was soll Sie nun also tun?

Strategie 1   **Dokumentation des Arbeitsverhältnisses**
Auch hier gilt es, als ersten Schritt das Arbeitsverhältnis und die Probleme zu skizzieren. Frau Vase sollte ihre Tätigkeiten und Aufgaben auflisten sowie einen Wochenplan anfertigen. Hieraus wird ersichtlich werden, dass sie keine Kapazitäten mehr hat.

Strategie 2   **Gespräch mit Frau Aller**
In einem Gespräch mit Frau Aller sollte Frau Vase ihre Arbeitsüberlastung darlegen. Frau Aller wird Frau Vase jedoch wieder vertrösten wollen. Frau Vase sollte in diesem Gespräch Frau Aller noch einmal deutlich danach fragen, unter welchen Voraussetzungen sie neue Mitarbeiter für das Ressort von Frau Vase freigeben darf. Hier sollte sie sich nicht mit allgemeinen Phrasen zufrieden geben, sondern eine klare Antwort fordern. Frau Vase sollte weiter in Aussicht stellen, dass sie Projekte abgeben wird, wenn ihr keine weitere personelle Entlastung zur Seite gestellt wird.

Weiter sollte sie sich mit Frau Aller verbünden und überlegen, wie Frau Vase und Frau Aller gemeinsam bei Frau Mette nach einer Etaterhöhung fragen könnten und ob Frau Vase Frau Aller weitere Argumente liefern solle, um die Verhandlungssituation und Argumentationsgrundlage von Frau Aller zu stärken. Vielleicht blockt Frau Aller gleich ab, da sie Frau Vase nicht zeigen möchte, dass sie selbst keine Entscheidungsmacht besitzt. Es kann aber auch sein, dass Frau Aller das Angebot von Frau Vase dankend annimmt. Denn auch Frau Aller möchte, dass die Abteilung von Frau Vase weiterhin die besten Arbeitsergebnisse erzielt, denn nur das macht sie selbst erfolgreich.

| **Strategie 3** | **Gespräch mit Frau Aller und Frau Mette** |

Je nachdem, wie offen Frau Aller Frau Vase gegenüber in einem Gespräch bei konkreter Nachfrage ist und vielleicht darlegt, dass sie selbst nicht über die Einstellung einer neuen Person bestimmen kann, bietet sich auch ein Gespräch zu dritt an. In diesem hätte Frau Vase die Möglichkeit, ihre Arbeitssituation darzulegen und eine direkte Entscheidung von Frau Mette zu fordern. Dieses Szenario setzt aber voraus, dass Frau Aller bereit ist, mit Frau Vase gemeinsam nach einer Lösung zu suchen.

| **Strategie 4** | **Abgabe der Führungsrolle** |

Natürlich ist es auch immer eine Option, die Führungsrolle abzugeben. Vielleicht hat Frau Vase zu einem späteren Zeitpunkt in einer anderen Abteilung die Möglichkeit, eine adäquate personelle Ausstattung zu erhalten. Eine einmal zurückgegebene Führungsposition birgt aber immer die Gefahr, dass Ihre Karriere in dem Unternehmen beendet ist und Sie nicht noch einmal gefragt werden, ob Sie eine solche Position übernehmen möchte. Gehen Sie also mit dieser Strategie vorsichtig um.

Studieren Sie immer das Organigramm Ihres Unternehmens. Es ist die »Landkarte«, die Ihnen hilft, sich in Ihrem Unternehmen zurecht zu finden. In einigen Unternehmen sind Weisungsträger bewusst nicht abgebildet. Nur selten sind sie vergessen worden oder das Organigramm ist nicht mehr aktuell. In vielen Fällen ist es nicht gewünscht, die Entscheidungsträger abzubilden. Versuchen Sie dann über genaue Fragen und Beobachtungen herauszufinden, wer in welchem Bereich Entscheidungsbefugnis hat.

Mangelnde personelle Entscheidungsbefugnisse schwächen Sie als Führungskraft. Dürfen Sie keine personellen Entscheidungen treffen, sollten Sie sich gut überlegen, ob Sie die Führungstätigkeit übernehmen.

Wer wird geduzt und wer muss siezen?

Es gibt Unternehmen, in denen jeder Mitarbeiter gesiezt wird und welche, in denen Mitarbeiter generell geduzt werden. Daneben gibt es Firmen, die mit Abstufungen arbeiten – bewusst oder unbewusst. Hier möchte ich die Methoden der Unternehmen vorstellen, die das Duzen und Siezen bewusst einsetzen, um Ihnen als Mitarbeiter eine Botschaft zu übermitteln.

Gibt es Regeln für Unternehmen, wann Mitarbeiter geduzt oder gesiezt werden?

Jedes Unternehmen lebt eine andere Kultur, und diese gibt vor, wie der Umgang zwischen Führungskräften und Mitarbeitern ist. Dabei gibt es kein Richtig oder Falsch. Vielmehr ist der Umgang in einem Unternehmen mehr oder weniger passend.

Gerade junge Unternehmen mit jungen Mitarbeitern präferieren häufig die persönlichere Ansprache in Form des Duzens. In größeren Unternehmen erlebt man das Duzen nicht als generelle Umgangsform, jedoch entscheiden sich auch einzelne Abteilungen hin und wieder dazu. Gerade Mitarbeiter, die sich schon über einen längeren Zeitraum kennen, sind sich häufig auch auf der persönlichen Ebene nah und drücken das durch die Ansprache aus. Ich habe noch keine Studie darüber gelesen, ob Unternehmen erfolgreicher sind, wenn Mitarbeiter – als Ausdruck der persönlichen Verbundenheit – geduzt werden.

Wie wird die Ansprache strategisch eingesetzt?

Sie wünschen sich, von Ihrem Vorgesetzten ernst genommen zu werden und möglichst auf Augenhöhe mit ihm arbeiten zu können? Duzt Sie Ihr Arbeitgeber, so löst er bei Ihnen ein Gefühl der persönlichen Verbundenheit aus und Sie fühlen sich zum Kreis der Führung zugehörig. Dies nutzt Ihr Arbeitgeber, indem er einzelnen, ausgewählten Mitarbeitern suggeriert: Ihr gehört zu dem engeren Kreis – und wiederum anderen: Ihr gehört nicht dazu.

Beispiel   **Frau Kette will geduzt werden**

Frau Kette ist 40 Jahre alt und seit zwei Jahren in einem Berliner Unternehmen beschäftigt. Sie arbeitet im Personalentwicklungsbereich. Zu dem Geschäftsführer des Unternehmens hat sie einen guten Kontakt und sie schätzt ihn sehr. Etwas irritiert sie jedoch seit einiger Zeit. Als Frau Kette vor zwei Jahren ihre neue Position übernahm, stellte sie fest, dass der Geschäftsführer fast alle Mitarbeiter duzt. Ihr ist das Du nicht angeboten worden, was Frau Kette anfänglich damit erklärt hat, dass sie noch zu jung in dem Unternehmen war und man sich erst besser kennen lernen müsse. Nun sind zwei Jahre vergangen und der Geschäftsführer hat ihr immer noch nicht das Du angeboten. Frau Kette ist es eigentlich auch nicht wichtig, im beruflichen Kontext geduzt zu werden. In dieser Firma stört es sie aber auf einmal, dass sie gesiezt wird. Das liegt daran, dass das Duzen hier ein Ausdruck des besonderen Vertrauens zwischen dem Geschäftsführer und den Mitarbeitern darstellt. Und Frau Kette fragt sich, warum sie dieses Vertrauen nicht genießt. Sie hat durch das Siezen das Gefühl, nicht zu dem Kreis dazuzugehören, der die generelle Strategie im Unternehmen vorgibt.

Will der Geschäftsführer ihr damit sagen, dass sie noch nicht gut genug arbeitet? Muss sie sich noch mehr anstrengen, um sein Vertrauen und Wohlwollen zu gewinnen? Was soll sie tun?

| Strategie 1 | **Die Situation beobachten** |

Warum wird Frau Kette gesiezt, während andere Mitarbeiter bereits seit langer Zeit das Du des Geschäftsführers angeboten bekommen haben? Das kann reine Unachtsamkeit der Führung und unbeabsichtigt sein. Es kann aber auch ein Signal sein, das die Geschäftsführung Frau Kette geben möchte. Für Frau Kette wäre es wichtig zu beobachten, wie mit dem Du in ihrer Firma insgesamt verfahren wird. Wer bekommt es wann in welcher Situation und von wem angeboten? In Firmen, in denen Mitarbeiter arbeiten, die die Geschäftsführung bereits seit vielen Jahren kennt, ist es üblich, dass die Mitarbeiter aufgrund der aufgebauten Nähe geduzt werden. Wenn Sie neu in das Unternehmen einsteigen, haben Sie diese persönliche Vertrautheit mit der Geschäftsführung noch nicht – und es ist die Frage, ob Sie oder in diesem Beispiel Frau Kette diese Nähe überhaupt aufbauen möchten. Stellt Frau Kette bei ihrer Beobachtung fest, dass es nur einige Mitarbeiter gibt, die geduzt werden – jedoch auf ihrer Hierarchiestufe sie nicht die einzige ist, der das »Du« noch nicht angeboten wurde –, sollte sie diese Situation nicht überinterpretieren.

| Strategie 2 | **Beobachten, unter welchen Bedingungen das »DU« angeboten wird** |

Etwas anderes ist es aber, wenn Frau Kette feststellt, dass auf ihrer Hierarchiestufe mittlerweile alle Mitarbeiter den Arbeitgeber duzen. Dann kann das ein Zeichen des Arbeitgebers sein, Frau Kette auf Abstand zu halten oder sie unbewusst durch die Verweigerung des Duzens dazu aufzufordern, noch mehr Leistung zu bringen, um es sich zu verdienen, in den ausgewählten Kreis aufgenommen und befördert zu werden. Frau Kette wird sich in diesem Fall in den nächsten Monaten mit großer Wahrscheinlichkeit sehr darum bemühen, in diesen Kreis aufgenommen zu werden und das Du angeboten zu bekommen. Ihre eigenen Karrierepläne werden in diesem Moment zur Seite treten müssen. Und genau das kann der Effekt sein, den die Geschäftsführung mit der Verweigerung des Du erreichen möchte.

Frau Kette sollte sich nicht in diesen Kreislauf begeben. Wenn Sie sich das Ziel setzt, zunächst das Du des Geschäftsführers angeboten zu bekommen, wird sie ihre eigene Karriereplanung vernachlässigen. Im Zweifel wird sie das Angebot zum Du nie erhalten, weil der Arbeitgeber Frau Kette damit deutlich machen möchte, dass sie sein Vertrauen nicht genießt und eine Beförderung damit ausgeschlossen ist.

Beobachten Sie in Ihrem Unternehmen genau, wie die persönliche Ansprache erfolgt. Ist das »Sie« oder das »Du« Kultur des Unternehmens? Wenn Sie feststellen, dass Sie die einzige Person im Unternehmen sind, die auf gleicher Hierarchiestufe mit anderen Mitarbeitern noch gesiezt wird, dann sollten Sie auf die Idee kommen, dass die Geschäftsführung Sie bewusst auf Abstand halten möchte. Überprüfen Sie, ob das zutrifft. Auf keinen Fall sollten Sie Ihre eigenen Karrierepläne zurückstellen und als nächstes Ziel definieren, das »Du« des Arbeitgebers angeboten zu bekommen. Wenn Ihr Chef das strategisch einsetzt, wird er Ihnen das »Du« im Zweifel nie anbieten und Sie werden Höchstleistungen bringen, ohne dafür karrieremäßig weiter zu kommen. Lassen Sie sich emotional so nicht einfangen.

Manipulation von Mitarbeiterergebnissen: Fehler werden absichtlich hinzugefügt

Es gibt Arbeitgeber, die Sie klein halten möchten, indem Sie Ihre Arbeitsergebnisse manipulieren. Das bedeutet, dass sie Ihnen Fehler unterschieben, die Sie gar nicht gemacht haben. Das soll Sie kränken und Sie der Vorstellung berauben, weiterkommen zu können. Natürlich müssen die untergeschobenen Fehler auch eine gewisse Relevanz für Ihr Arbeitsergebnis haben. Ein schlecht gesetztes Komma in einer Präsentation wird dafür nicht ausreichen.

Welche Fehler sind relevant?

Welche Fehler dafür in Frage kommen, Ihnen wirkungsvoll untergeschoben zu werden, hängt davon ab, in welcher Position und in welchem Bereich Sie tätig sind. Arbeiten Sie zum Beispiel im Bereich Rechnungswesen oder Controlling, so wird Ihr Arbeitgeber mit großer Wahrscheinlichkeit versuchen, Ihnen (simulierte) Fehler zu präsentieren, die Ihr Arbeitsergebnis falsch aussehen lassen. Das können zum Beispiel Business Cases sein, die auf falschen Zahlen beruhen oder Jahresabschlüsse, die inkorrekt sind. Sind Sie im Vertrieb tätig, so wird er nach falsch kalkulierten Angeboten an Kunden oder verfristeten Angeboten suchen, dass heißt Angebote, die außerhalb der vereinbarten Zeit an den Kunden abgegeben wurden. All diese Fehler sind relevant und können gute Gründe darstellen, Sie abzumahnen, fristlos zu kündigen oder einfach nur, Sie unter Druck zu setzen, damit Sie nicht auf die Idee kommen, mehr Gehalt oder eine Beförderung zu verlangen.

Es ist eine strafbare Handlung, wenn Ihr Arbeitgeber Ihre Arbeitsergebnisse manipuliert. Aber wer kann das am Ende beweisen? Mitarbeiter, die sich auf Anweisung des Arbeitgebers dazu hinreißen lassen, Arbeitsergebnisse ihrer Kollegen zu verfälschen, werden, wenn es darauf ankommt und ein Gerichtsverfahren ansteht, nicht zu Ihnen halten, sondern zum Arbeitgeber. Denn eines müssen Sie bedenken: Diese Mitarbeiter haben Angst, ihren Arbeitsplatz zu verlieren, darum lassen sie sich ja erst auf solche unlauteren Maßnahmen ein. Wenn Sie also überlegen, ob Sie gegen die simulierten Fehler, die auf einmal auftauchen, vorgehen sollen, so stellen Sie zunächst sicher, dass Sie dies auch beweisen können. In den meisten Fällen wird es sehr schwer sein.

Wie schiebt Ihr Arbeitgeber Ihnen Fehler unter?

Es gibt verschiedene Wege, wie Ihr Arbeitgeber Ihnen Fehler unterschieben kann. Diese sind zum Beispiel:

- in Ihren Kalkulationen richtige Zahlen gegen falsche auszutauschen, die das Ergebnis nachher verfälschen;
- in Kundenangeboten die richtigen Preise gegen falsche auszutauschen, so dass das Angebot fehlerhaft ist;
- bei Ausschreibungen an Kunden wesentliche Rahmenbedingungen zu verändern, so dass die Ausschreibung an sich keine Gültigkeit mehr hat (zum Beispiel die Unterschrift herausnehmen oder eine bestimmte Kundennummer, die aufgeführt werden musste, aus dem Angebot entfernen);
- in Pressemitteilungen, die Sie nach außen gegeben haben, falsche Daten einzufügen, die die Mitteilung an sich falsch werden lässt, oder
- die Genehmigung für schon genommene Urlaubstage, die vorab erteilt wurde, vernichten.

Es gibt zahlreiche weitere Fehler, die simuliert werden können. Der Phantasie sind hier keine Grenzen gesetzt. Entscheidend ist, dass diese für Ihren Arbeitsplatz relevant sind und die Ihnen unterstellten Fehler eine negative Auswirkung auf das Firmenergebnis haben.

Wer wird zum Komplizen des Vorgesetzten?

In kleinen Unternehmen kann es durchaus vorkommen, dass Ihr Arbeitgeber – wenn er diesen Weg beschreiten möchte – Ihnen von eigener Hand Fehler unterschiebt und Unterlagen manipuliert. In größeren Unternehmen wird Ihr Arbeitgeber seine Vertrauten und Helfershelfer haben, die ihm treu ergeben sind und ihn in jeder Art von Handlung – auch einer strafbaren – unterstützen. Können Sie sich beim besten Willen keinen Mitarbeiter vorstellen, der Ihnen diese Fehler unterschiebt? Welche Menschen sind das, die so etwas tun? Haben sie kein Gewissen? Warum schadet Ihnen ein Kollege vorsätzlich?

Darauf gibt es keine pauschale Antwort. Und Sie können sicher sein, dass der eine oder andere Mitarbeiter, der sich dazu hinreißen lässt, Ihnen Fehler unterzuschieben, auch Gewissensbisse haben wird. Für ihn ist es eine Frage der Abwägung. Zu wem steht er, zu seinem Arbeitgeber oder Ihnen? Für den Arbeitgeber spricht, dass er ihm seinen Arbeitsplatz sichert. Und das ist für viele Mitarbeiter ein ausschlaggebender Grund. Dagegen spricht, dass er sich strafbar macht und eine moralisch und ethisch vorwerfbare Handlung begeht und dafür sorgt, dass Ihnen als Kollege vorsätzlich Schaden zugefügt wird. Letzteres wird er im Zweifel ausblenden, wenn seine Angst, die Gunst bei seinem Arbeitgeber zu verlieren (und damit vielleicht auch seinen Arbeitsplatz) zu bestimmend ist. Er wird sich damit beruhigen, dass der Arbeitgeber ihm gegenüber äußert, dass Sie schon seit langem schlechte Arbeit leisten, die Mitarbeiter gegen ihn aufhetzen und eine schlechte Stimmung im Unternehmen verbreiten. Und dass man nicht zulassen dürfe, dass Sie dem Unternehmen schaden.

Beispiel   **Frau Stein bekommt falsche Informationen**
Arbeitgeber Zorn beschäftigt seit sechs Jahren Frau Stein in seinem Unternehmen. Anfänglich war er mit ihren Arbeitsergebnissen sehr zufrieden. Frau Stein leitet mittlerweile die interne Presseabteilung. Bislang arbeitet Frau Stein fehlerfrei. Nach einer Restrukturierung im Unternehmen merkt Herr Zorn, dass Frau Stein nicht mehr so richtig in das Team passt. Viele frühere Mitarbeiter sind durch jüngere ersetzt worden, das Team hat sich insgesamt deutlich verjüngt, was der Flexibilität und Aufbruchstimmung der Firma sehr entgegen kommt. Und noch einen weiteren positiven Aspekt hat die Verjüngung der Mitarbeiter: Die Lohnkosten sind deutlich gesunken, denn die jungen Mitarbeiter sind preiswert und bereit, unbezahlte Überstunden zu machen. Bei Frau Stein ist das allerdings nicht der Fall. Sie gehört mittlerweile zu den teuersten Mitarbeitern im Unternehmen. Außerdem achtet sie darauf, pünktlich nach Hause zu gehen. Früher hat sie auch jahrelang unbezahlte Überstunden im Unternehmen geleistet – jetzt ist sie dazu aber nicht mehr bereit. Ganz im Gegenteil: sie versucht, auch den jüngeren Mitarbeitern deutlich zu machen, dass sie sich nicht ausnutzen lassen sollen und Überstunden nur in einem begrenzten Maße kostenlos anbieten sollten. Arbeitgeber Zorn ist mit dieser Art und Weise der Beeinflussung von Frau Stein überhaupt nicht einverstanden und kommt nach reiflicher Überlegung zu dem Schluss, dass Frau Stein das Unternehmen verlassen muss. Sein Plan ist, die Stelle von Frau Stein mit einer jüngeren und nur halb so teuren Mit-

arbeiterin zu besetzen. Arbeitgeber Zorn kalkuliert, was eine entsprechende Abfindung von Frau Stein kosten würde. Da sie bereits seit sechs Jahren im Unternehmen tätig ist und ihr Gehalt recht hoch ist, wird eine Abfindung teuer werden. Auch kann man ihr nichts vorwerfen und müsste sie dazu überreden, das Unternehmen zu verlassen. Arbeitgeber Zorn ruft Frau Stein zu einem kurzen Gespräch in sein Büro und deutet das Thema an. Frau Stein reagiert wie erwartet. Sie macht keinerlei Anstalten, das Unternehmen zu verlassen. In einem Nebensatz lässt sie sogar anklingen, dass ihr Ausstieg das Unternehmen etwas kosten würde. Es läuft alles nicht so, wie Arbeitgeber Zorn sich dieses erhofft hat.

Ein Bekannter von Herrn Zorn rät ihm, Material gegen Frau Stein zu sammeln, das eine Abmahnung oder auch eine Kündigung rechtfertigen würde. Notfalls könne er ihr auch durch andere, ihm vertraute Mitarbeiter Fehler unterschieben. Zumindest sollte er damit versuchen, Frau Stein zu bewegen, das Unternehmen zu verlassen.

Herr Zorn hat große Bedenken. Ist er wirklich in der Lage, Frau Stein, die jahrelang gut gearbeitet hat, so zu manipulieren? Noch ist er zu diesem Schritt nicht bereit. Als er am nächsten Morgen das Unternehmen betritt, ändert sich seine Meinung jedoch schnell. Frau Stein hat wieder einmal mit einer jungen Kollegin gesprochen, die jetzt in dem Büro von Herrn Zorn steht und mehr Gehalt haben möchte. Frau Stein hat dieser Kollegin vorgerechnet, was andere Mitarbeiter in ihrer Position verdienen. Herr Zorn ist sauer und kommt zu dem Schluss, dass Frau Stein das Unternehmen verlassen muss – sofort und preiswert. Er ist nicht bereit, ihr neben dem hohen Gehalt auch noch eine Abfindung zu zahlen. Doch er benötigt einen Grund, der eine fristlose Kündigung von Frau Stein rechtfertigt. Herr Zorn denkt kurz nach und kommt auf eine gute Idee. Das Unternehmen hat gerade eine große Kooperation abgeschlossen, die Frau Stein als Leiterin der Presseabteilung kommunizieren soll. Herr Zorn wird dafür sorgen, dass Frau Stein falsche Informationen erhält, so dass die ganze Pressemitteilung falsch ist – und er sie fristlos kündigen kann. Herr Zorn bittet für dieses Vorhaben seinen engsten Vertrauten, Herrn Koll, in sein Büro. Herr Zorn bittet ihn, vorbereitete Informationen an Frau Stein zu übergeben – ohne den Hinweis, dass diese von Herrn Zorn kommen. Herr Koll stutzt kurz, da ihm die Informationen nicht richtig erscheinen, verspricht dann aber, sie zu überbringen. Herr Koll legt die Informationen für die Pressemitteilung auf den Schreibtisch von Frau Stein. Sie nimmt diese zur Kenntnis und wundert sich über den Inhalt – da sie aber unter Termindruck steht, verwertet sie die Information ohne Rückfrage, zumal sie in den letzten Jahren immer auf die Informationen von ihrem Kollegen Koll vertrauen konnte. Die Pressemitteilung geht raus.

Einen Tag später ruft Herr Zorn Frau Stein in sein Büro. Er zeigt ihr die Pressemitteilung und weist sie darauf hin, dass durch ihre falsche Mitteilung dem Unternehmen ein sehr großer Schaden zugefügt worden sei. Frau Stein ist verwirrt und beruft sich darauf, dass die verwertete Information von Herrn Koll stamme. Herr Zorn ruft Herrn Koll in sein Büro. Dieser verneint, Frau Stein diese (falschen) Informationen gegeben zu haben. (Herr Zorn und Herr Koll hatten sich vor dem Gespräch mit Frau Stein abgesprochen, dass Herr Koll die Übergabe der Informationen abstreitet.)

Herr Zorn weist Frau Stein darauf hin, dass es jetzt zwei Möglichkeiten geben würde. Entweder würde er sie auf Schadenersatz in voller Höhe verklagen, was Frau Stein finanziell ruinieren würde. Sie hätte aber auch die Möglichkeit, ihren Resturlaub zu nehmen und das Unternehmen sofort zu verlassen, alles sei damit abgegolten. Frau Stein ist schockiert – die in Aussicht gestellte Schadenersatzklage macht ihr Angst. Was soll sie unternehmen?

| Strategie 1 | **Dokumentation der Arbeitsergebnisse** |

Frau Stein sollte den ganzen Vorgang der Informationsübermittlung noch einmal rekapitulieren und jeden einzelnen ihrer Arbeitsschritte nachverfolgen. Sicher gibt es E-Mail-Verkehr oder Faxe, die ihre Version der Geschichte untermauern. Diese Unterlagen sollte sie ihrem Arbeitgeber aushändigen, vielleicht zieht er unter diesen Umständen die Kündigung zurück. Herr Zorn wird durch diese Handlung merken, dass Frau Stein sich nicht ohne Abfindung aus dem Unternehmen drängen lässt.

| Strategie 2 | **Verbündete und Zeugen unter den Kollegen suchen** |

Außerdem sollte Frau Stein unter ihren Kollegen Zeugen und Verbündete suchen. Mit wem hat sie über ihre Arbeit gesprochen, wer hat mitbekommen, dass und in welcher Form sie Informationen an die Presse herausgegeben hat?

| Strategie 3 | **Den Betriebsrat einschalten** |

Sollten die beiden ersten Strategien keine Wirkung zeigen und Herr Zorn auf die fristlose Kündigung bestehen, so bleibt Frau Stein nur die Möglichkeit, sich rechtlich in eine sichere und starke Position zu bringen. Sie sollte zunächst den Betriebsrat einschalten und ihn von dem Vorfall in Kenntnis setzen. Das dokumentierte Material sollte sie auch dem Betriebsrat übergeben.

| Strategie 4 | **Einen externen Anwalt beauftragen** |

Parallel dazu ist es für Frau Stein sinnvoll, einen externen Anwalt einzuschalten. Vielleicht kann der dem Unternehmen zunächst eine Mediation anbieten, damit man wieder zusammenfindet. Hierzu muss aber eine grundsätzliche Einigungsbereitschaft auch seitens Herrn Zorn vorliegen. Wenn dies nicht der Fall ist, wird Frau Stein – sollte sie sich bis zuletzt konsequent wehren wollen – auf einen Rechtsstreit nicht verzichten.

Es gibt Arbeitgeber, die Ihnen Fehler unterschieben. Dies kann geschehen, um Sie im Unternehmen klein zu halten – im schlechtesten Fall aber, um Sie fristlos kündigen zu können. Dokumentieren Sie daher wesentliche Arbeitsergebnisse immer und stellen Sie sicher, dass kein anderer Kollege auf Ihre wichtigen Unterlagen Zugriff hat.

Zuweisung unattraktiver oder unlösbarer Aufgaben

Ihr Arbeitgeber weist Ihnen über einen längeren Zeitraum konsequent unattraktive oder auch nicht zu lösende Aufgaben zu? Kein Problem, denken Sie? Über einen kurzen Zeitraum vielleicht nicht. Wenn Sie allerdings ein Mitarbeiter sind, der sich über sinnvolle Arbeitsaufträge und Projekte definiert und gerne weiter kommen möchte, so kann es Sie schon nach einigen Wochen mürbe machen, wenn Sie Aufgaben erfüllen sollen, die aus Ihrer Sicht sinnlos sind.

Was sind unattraktive oder unlösbare Aufgaben?

Das sind Aufgaben,

- die für das Unternehmen und Ihr Arbeitsergebnis bedeutungslos sind, zum Beispiel Zahlen, Daten, Fakten aufzustellen oder Statistiken und Übersichten, die nie zum Einsatz kommen werden, anzufertigen.
- wie Routinearbeiten, die ansonsten Studenten im Unternehmen übernehmen (zum Beispiel Präsentationen anfertigen).
- wie Unterlagen oder Ordner zu sortieren, die keine Bedeutung für das Unternehmen haben.

Im Grunde sind alle Arbeiten für Sie unattraktiv, die Sie im Unternehmen kein Stück weiter bringen und reine Beschäftigungsmaßnahmen sind, während andere, Ihnen gleichgestellte Kollegen zum Beispiel neue Produkte entwerfen und interessante Kundengespräche führen.

Ist es für den Arbeitnehmer nicht ein teures Unterfangen, Ihnen sinnlose Aufgaben zu übertragen?

Ja, zunächst ist es in der Tat teuer für Ihren Arbeitgeber, Ihnen sinnlose Aufgaben zuzuweisen, denn Ihr Gehalt läuft ja weiter und Ihre Zeit könnten Sie mit produktiveren Projekten füllen. Vielleicht möchte Ihr Arbeitgeber aber erreichen, dass Sie sich zukünftig mit kleineren Arbeitsbereichen zufrieden geben – oder er möchte Sie auffordern, die Kündigung einzureichen. In letzterem Fall kann es für Ihren Arbeitgeber immer noch wesentlich preiswerter sein, Ihre Arbeitskraft für einige Wochen nicht sinnvoll zu nutzen, aber dann keine Abfindung zahlen zu müssen, weil Sie das Unternehmen irgendwann freiwillig verlassen. Und an dieser Stelle sei auch erwähnt, dass es nicht jedem Arbeitgeber darum geht, Sie billig loszuwerden. Hin und wieder spielen die Kosten überhaupt keine Rolle, dafür aber ist es dem Arbeitgeber wichtig, »Recht« zu behalten.

Können Sie sich gegen sinnlose Arbeitsaufträge wehren?

Generell ist in Ihrem Arbeitsvertrag definiert, welche Arbeiten im Unternehmen für Sie zumutbar sind. Mit dem Arbeitgeber darüber zu streiten, dass eine gewisse Ihnen zugeteilte Arbeit nicht dazu gehört, führt in den meisten Fällen nicht weiter. Wenn der Arbeitgeber Sie mürbe machen möchte, indem er Ihnen unattraktive oder sinnlose Arbeit überträgt, um Sie selbst auf die Idee zu bringen, das Unternehmen zu verlassen, dann sollten Sie gut überlegen, ob Sie dagegen angehen. Ein Mobbingverhältnis zu initiieren, um Ihrem Arbeitgeber zu zeigen, dass er im Unrecht und Sie im Recht sind, ist meistens für beide Seiten keine fruchtbare Angelegenheit. Wenn Ihr Arbeitgeber will, dass Sie das Unternehmen verlassen sollen, dann kann es in den meisten Fällen für Sie nur noch darum gehen, eine gute Abfindung auszuhandeln.

Weist Ihnen Ihr Arbeitgeber seit geraumer Zeit unattraktive oder auch nicht zu lösende Arbeitsaufgaben zu? Dann kann es darum gehen, Sie nicht wachsen zu lassen oder Sie dazu zu bringen, aus eigenen Stücken das Unternehmen zu verlassen.

Die meisten Arbeitsaufträge Ihres Arbeitgebers werden Sie kaum ablehnen können. Überlegen Sie insofern gut, was es Ihnen wert ist, in einem Unternehmen zu bleiben, in dem Sie als Arbeitskraft nicht mehr erwünscht sind. Im Zweifelsfall wird es für Sie vor allem darum gehen, den Preis Ihrer Abfindung nach oben zu treiben und dann das Unternehmen zu verlassen.

Druckmittel: Video- und Datenüberwachung von Mitarbeitern

Damit Ihr Arbeitgeber etwas gegen Sie in der Hand hat, sammelt er prophylaktisch Material gegen Sie.

Wie werden Druckmittel gegen Sie gesammelt und welche gibt es?

Druckmittel sind Zahlen, Daten, Fakten und Informationen über Sie und Ihre Arbeit, die Ihre Handlungen negativ beeinflussen (könnten). Das können sowohl Informationen über Sie sein, die zwar rechtlich unbedenklich sind, Sie aber emotional unter Druck setzen und deshalb beeinflussen. Weiter gibt es daneben natürlich Daten, die aussagen, dass Sie an Ihrem Arbeitsplatz gegen das eine oder andere Gesetz verstoßen haben und damit abmahnfähig – wenn nicht sogar kündbar – sind. Dies sind zum Beispiel private Telefonate oder E-Mails, die Ihnen laut Arbeitsvertrag verboten wurden.

Nun werden Sie vielleicht einwenden, dass dieses Verbot zwar in den meisten Arbeitsverträgen steht, jedoch von kaum einem Arbeitnehmer gelebt wird. Da gebe ich Ihnen Recht, wenn Ihr Arbeitgeber es aber darauf anlegt, Gründe für eine Abmahnung zu finden oder Sie unter Druck setzen möchte, so kann er auch diese privaten Anrufe oder E-Mails ins Feld führen, da Sie ganz offiziell gegen den von Ihnen unterschriebenen Arbeitsvertrag verstoßen haben. Genauso verhält es sich mit geschäftlichen Mittagessen, die nicht offiziell genehmigt waren, oder Spesen bzw. Parkgebühren von Terminen, die nur »halb« beruflich waren. Seien Sie gewiss, dass Ihr Arbeitgeber all das registrieren wird, wenn er Gründe sucht, Sie loszuwerden oder Sie unter Druck setzen möchte. Vielleicht verwendet er auch Informationen über ihr Privatleben, um sie psychisch zu nötigen.

Beispiel **Unternehmer Bob gibt Arbeitgeber Jolle einen Tipp**

Arbeitgeber Jolle betreibt ein mittelständisches Unternehmen in Süddeutschland. Er hat ca. 40 Angestellte. Der Wettbewerb ist hart. Da Jolle viel auf Projektbasis arbeitet, ist er sehr auf einen flexiblen Personaleinsatz angewiesen. Hin und wieder hat er Glück und stößt auf sehr viel Verständnis bei seinen Mitarbeitern, die gerne interimsweise auch andere Tätigkeiten übernehmen oder Urlaub zu Zeiten einreichen, in denen im Unternehmen nichts zu tun ist. Jedoch ist das aus Sicht von Jolle die Ausnahme. Es gibt viele Mitarbeiter, die sich bei der Bitte, eine gewisse Tätigkeit zu übernehmen, strikt an die Formulierung in ihrem Arbeitsvertrag halten und nicht bereit sind, etwas anderes zu tun. Jolle kann das aus seiner Sicht wenig verstehen, denn auch er muss sich permanent dem Markt anpassen und flexibel sein. Ein guter Bekannter – Unternehmer Bob – hat ihn bei einem letzten Treffen zur Seite genommen und ihm berichtet, wie er seine Mitarbeiter animiert, auch anderweitige Aufgaben im Unternehmen zu übernehmen. Jolle war nach der Schilderung entsetzt und abgestoßen. Nachdem er aber gerade wieder ein großes Projekt dazugewonnen hat und unter Druck steht, dieses abzuarbeiten – seine Mitarbeiter aber nicht bereit sind, überdurchschnittlichen Einsatz und Flexibilität zu zeigen – überlegt er noch einmal, ob er nicht die Erfahrungen von Unternehmer Bob für sich nutzen kann.

Unternehmer Bob hat Jolle berichtet, dass er bei jedem neuen Mitarbeiter am Anfang herauszufinden versucht, mit welchen Mitteln er ihn unter Druck setzen kann. Er beobachtet genau das Verhalten und die Werte des Arbeitnehmers. Er führt ein kleines Buch, in dem er Dinge notiert, die ihm bei dem Mitarbeiter aufgefallen sind. Darin steht zum Beispiel auch, wann der Mitarbeiter gegen eine interne Firmenleitlinie verstoßen hat oder den Datenschutz beim Versenden von E-Mails nicht bedacht hat. Auch beobachtet er genau, wann Mitarbeiter in ihrer Arbeitszeit private Dinge erledigen, wie zum Beispiel private Telefonate führen, private Post schreiben und absenden und anderes. All diese Informationen sammelt Unternehmer Bob in seinem Buch – und spielt es gegenüber dem Mitarbeiter dann aus, wenn er dessen uneingeschränkte Unterstützung benötigt, dieser aber nicht freiwillig dazu bereit ist, ihm diese zu geben. Das geschieht bei Wochenendarbeit und Urlaub, der gestrichen werden muss, oder auch bei Nachtarbeit. Unternehmer Bob handelt hier nach dem Motto »eine Hand wäscht die andere«. Ihm ginge es nicht darum, die Mitarbeiter zu sanktionieren, aber darum, sie unter Druck zu setzen und Arbeitsergebnisse abzurufen, die er sonst freiwillig nicht bekommen würde.

Jolle ist immer noch etwas verunsichert, aber dahingehend sicher, dass dies eine wirksame Methode der Mitarbeiterführung ist. Es ist zwar nicht seine sonstige moralisch-ethisch vertretbare Vorgehensweise, aber da das freundliche Bitten an die Mitarbeiter nicht wirkt, fragt er sich, welche andere Wahl er hat, um mehr Flexibilität einzufordern. Letztlich, so denkt er, geht es ja auch für die Mitarbeiter darum, das Unternehmen voranzubringen – um ihre Arbeitsplätze zu erhalten.

Halten wir an dieser Stelle fest: Es geht darum, Zahlen, Daten, Fakten und Informationen über Sie zu sammeln, die Sie emotional oder rechtlich unter Druck setzen können.

Wie werden diese Daten gesammelt?

Es gibt verschiedene Möglichkeiten, Daten gegen Sie zu sammeln. Die üblichen Wege sind:

– Video-, Datenüberwachung und Telefonmitschnitte
– Kontrolle Ihrer Firmenreisen (Flug/KFZ etc.)
– Kontrolle der Spesenabrechnungen
– Krankmeldungen auf Legitimität überprüfen
– Weiterbildungen während der Arbeitszeit
– Es werden gezielt private Informationen über Sie gesammelt und gegen Sie verwendet
– andere Mitarbeiter werden als firmeninterne Spitzel eingesetzt

Video-, Datenüberwachung und Telefonmitschnitte

Videoaufzeichnungen

Eine Möglichkeit ist es, Sie an Ihrem Arbeitsplatz per Video aufzuzeichnen. Aktuell häufen sich Fälle und Mitteilungen, in denen bekannte Unternehmen überführt werden, ihre eigenen Mitarbeiter zu bespitzeln. Benennen möchte ich an dieser Stelle die Unternehmen Lidl, Schlecker und die Deutsche Telekom AG, die im Sommer 2008 für große Schlagzeilen gesorgt haben.

Im Fall Lidl, der bei Verbrauchern als preiswerter Discounter bekannt ist, wurde publik, dass das Unternehmen Privatdetektive beauftragt hatte, Lidl-Mitarbeiter mittels installierter Minikameras zu überwachen. Schon im Jahr 2004 und 2006 fiel das Unternehmen mit ähnlichen Vorfällen auf, die Arbeitgeber beteuerten jedoch, dass es sich um Einzelfälle handeln würde. Bei einer Recherche des Magazins *Stern* häuften sich 2008 aber die Protokolle von Mitarbeitern der Ladenkette, die ihre Kollegen im Auftrag der Arbeitgeber bespitzelt hatten. Um Druckmittel gegen die eigenen Angestellten auszubauen (und das Gehalt zu kürzen), installierte eine Sicherheitsfirma in den Decken der Filialen Kameras. Angeblich, um den Ladendiebstahl zu kontrollieren. Die Mitarbeiter der Sicherheitsfirma beobachteten die Aufzeichnungen der Kameras am Bildschirm und schrieben darüber Protokolle. Über sieben Monate fand eine Beobachtung statt. Mehrere hundert Seiten Protokollmaterial lag dem *Stern* nach seiner Recherche vor. In dem Protokoll wurde erfasst, wann welcher Mitarbeiter für einen Toilettengang den Arbeitsplatz verließ, wer mit wem privaten Kontakt oder ein Liebesverhältnis hatte und wer welche Wesenszüge an den Tag legte. Die Filialleiter der einzelnen Häuser waren in diese Beobachtung nicht eingeweiht, sondern gingen davon aus, dass es sich um die Prävention des Ladendiebstahls handelte. Lidl hat die (systematische) Mitarbeiterüberwachung und Bespitzelung mittlerweile zugegeben (*www.stern.de/ wirtschaft/unternehmen/:%DCberwachungsskandal-Lidl-Bespitzelung /615031.html*, Zugriff am 18.12.2008)

Der Fall Schlecker lieferte ähnliche Informationen. In den Wänden der Filialen wurden Löcher eingelassen – insbesondere im Kassenbereich. Hinter diese Lochwand wurde eine Mitarbeiterin gestellt, die als »Spion« die Kassiererin den ganzen Tag beobachtete. Da es zwischen der Außenwand und der Lochwand nur wenig Platz gab, wurden insbesondere schlanke Mitarbeiterinnen für diese Bespitzelung ausgesucht. In anderen Fällen hatte das Unternehmen direkt über der Kasse kleine Kameras installiert, um den Kassiererinnen bei der Arbeit zuzusehen – dies alles, um herauszufinden, welcher Mitarbeiter sich etwas einsteckte. Die Firma Plus dagegen ließ zur Kontrolle regelmäßig die Spinde, Taschen und den Kofferraum privater Mitarbeiter-Pkws kontrollieren (*www.tagesspiegel.de/wirtschaft/Unterehmen-Ueberwachung-Einzelhandel;art129,2512589*, Zugriff am 18.12.2008).

Ein weiterer Skandal der Mitarbeiterüberwachung und -bespitzelung zeichnete sich Mitte 2008 bei der Deutsche Telekom AG ab. Unter den Codenamen »Clipper« und »Rheingold« wurden Telefonverbindungsdaten von Mitarbeitern ein Jahr lang aufgezeichnet und ausgewertet, insbesondere Daten von den Mitarbeitern, die Kontakt zu Journalisten hatten. Die Auswertung der Datensätze erfolgte über ein Berliner Beratungsunternehmen, das feststellen sollte, welcher Mitarbeiter mit Journalisten Kontakt pflegte. Ziel war es, zu überprüfen, bei welchen Mitarbeitern des Konzerns eine »undichte Stelle« vorlag (*www.spiegel.de/ wirtschaft/0,1518,555148,00.html*, Zugriff am 18.12.2008).

Natürlich ist es verboten, Mitarbeiter ohne ihr Wissen (und ohne zu kennzeichnen, dass Kameras installiert sind) zu filmen und zu bespitzeln. Es verstößt gegen das geltende Datenschutzrecht und stellt eine Verletzung des Persönlichkeitsrechtes dar, das im Grundgesetz geschützt ist. Eine Überwachung bedarf zuvor immer der individuellen Einwilligung des jeweiligen Betreffenden, die aber natürlich nicht eingeholt wird, denn dann wäre der entsprechende Mitarbeiter vorgewarnt und die Überwachung hätte keinen Sinn mehr. Um es hier noch einmal deutlich zu machen: Auch wenn das Unternehmen die Videomitschnitte zu keinem Zeitpunkt – zum Beispiel in einem möglichen Kündigungsverfahren – nutzen darf, da die Information rechtswidrig erlangt wurde, kann Ihr Arbeitgeber so Informationen über Sie bekommen, die Sie angreifbar machen.

E-Mail-Aufzeichnung
Eine weitere Möglichkeit ist es, den Datenverkehr – zum Beispiel den E-Mail-Verkehr – zwischen Mitarbeitern oder auch Mitarbeiter und Kunde oder Kooperationspartner zu erfassen. Hat das Unternehmen interne oder externe Server angemietet, sind diese Daten zumindest für eine kurze Zeit gespeichert. Das Bundesdatenschutzgesetz und Gesetze im Telekommunikationsbereich schreiben vor, wie lange interne Daten und Kundendaten in einem Unternehmen aufzubewahren sind oder gar aufbewahrt werden müssen. Das ist gesetzlich sinnvoll, damit zum Beispiel mögliche Straftaten nachvollziehbar sind. Viele Unternehmen überschreiten diese gesetzlich erlaubten Zeiten jedoch, und zwar sowohl bei der Speicherung von Kundendaten als auch von Unternehmensdaten – wie dem E-Mail-Verkehr zwischen Mitarbeitern.

Ich möchte an dieser Stelle nicht die entsprechenden, gesetzlich normierten Speichervorschriften auflisten, Sie jedoch dafür sensibilisieren, dass Unternehmen diese erlaubten Speicherfristen oft überschreiten.

Insofern sollten Sie sich immer gut überlegen, wem Sie was mailen und über welches Medium Sie sich wozu und in welcher Form äußern. Besonders sensibel sollten Sie mit der Nutzung des Mediums E-Mail umgehen, wenn Ihnen offiziell verboten ist, über den Firmen-Account private Nachrichten zu empfangen und zu versenden. Bei großem Stress und Unzufriedenheit im Unternehmen lässt man sich – mehr unbewusst als bewusst – dazu hinreißen, schnell etwas per E-Mail an Freunde zu senden, was man später bereut. Dazu zählen zum Beispiel Kommentare über die derzeitige Unternehmensführung oder auch Kündigungsvorhaben.

Sie sollten sich hierzu in jedem Fall einen privaten E-Mail Account einrichten, um nicht in Versuchung zu geraten, privat Ihren Firmen-Account zu nutzen. In einigen Firmen ist es erlaubt oder toleriert, dass während der Arbeitszeit ab und zu private E-Mail-Fächer kontrolliert werden. Allerdings sollten Sie sich informieren, ob das in Ihrer Firma so ist, denn in vielen Unternehmen ist die Nutzung eines privaten E-Mail-Accounts auch strikt untersagt – oft nicht zuletzt aufgrund der Gefahr, sich Viren einzufangen, die unter Umständen die Daten des gesamten Firmennetzwerks ruinieren.

Beispiel   ### Frau Jette macht einen Fehler

Frau Jette arbeitet seit einigen Jahren in einem mittelständischen Unternehmen als Marketingreferentin. In ihrem Arbeitsvertrag hat sie eine Klausel unterschrieben, in der definiert ist, dass Sie den E-Mail-Account der Firma nicht für private Zwecke nutzen darf. In den ersten Monaten hat sich Frau Jette auch strikt an diese Anweisung gehalten und für sämtliche private E-Mails ihren Account bei gmx benutzt. Nachdem sie beobachtet, dass auch ihre Kollegen und ihr Vorgesetzter private E-Mails über den Firmen-Account versenden und empfangen, ist auch sie dazu übergegangen, den Firmen-Account für private Nachrichten zu nutzen. Um ganz sicher zu gehen, hatte Sie ihren Vorgesetzten um eine kurze E-Mail gebeten, die bestätigt, dass sie private E-Mails lesen darf. Dieser hat bei Nachfrage aber nur abgewunken und ihr gegenüber geäußert, dass sie sich keine Gedanken machen solle, dass es schon in Ordnung sei und ihr keiner daraus einen Strick drehen würde. Das permanente Einloggen bei gmx ist ihr auch zu umständlich. Sie erinnert sich zwar an die Klausel ihres Arbeitsvertrages, diese hat für sie – so denkt sie – aber keine Relevanz mehr, da ihr Vorgesetzter ihr zugesagt hat, dass sie private E-Mails zwischendurch lesen und versenden darf.

In ihren privaten E-Mails über den Firmen-Account lässt sich Frau Jette aktuell insbesondere über das schwierige Verhältnis zu dem Marketingleiter aus. Ihrer besten Freundin mailt sie nahezu jeden Tag, was vorgefallen ist und wie sich ihr Vorgesetzter verhalten hat. Dies geschieht nicht immer auf die netteste Art. Frau Jette nimmt nicht wahr, dass diese E-Mails auf dem Firmenspeicher abgelegt werden und jederzeit von dem Administrator gelesen werden können. Der Marketingleiter, Herr Zitter, bemerkt, dass Frau Jette nicht mehr hinter ihm als Vorgesetztem steht und überlegt, wie er ihre Loyalität überprüfen kann. Hierzu bittet er den Administrator, den E-Mail-Verkehr von Frau Jette und Kollegen zu verfolgen und ihm die Auswertung vorzulegen. Als er die Fülle von privaten E-Mails sieht, die Frau Jette jeden Tag über den Firmen-Account abgeschickt hat und ihre Kommentare zu seinem Führungsverhalten liest, steht für Herrn Zitter fest, dass Frau Jette das Unternehmen verlassen muss. Gemeinsam mit der Personalabteilung überlegt er, auf welche Weise er Frau Jette kündigen kann. Der Personalleiter gibt ihm den Tipp, als Kündigungsgrund die Klausel in dem Arbeitsvertrag zu verwenden, die besagt, dass keinerlei private E-Mails über den Firmen-Account versendet werden dürfen. Frau Jette erhält daraufhin eine Abmahnung.

Hätte Frau Jette sich schützen können? Sie verstößt mit ihrem Verhalten gegen den Arbeitsvertrag und bringt sich damit selbst in eine ungute Situation. Zwar hat ihr Vorgesetzter ihr genehmigt, den Account für private E-Mails zu benutzen, dies liegt aber nicht schriftlich vor – und ihr Vorgesetzter kann sich auf Nachfrage daran auch gar nicht mehr erinnern. Frau Jette hätte sich vorsorglich an die Arbeitsbedingungen des Arbeitsvertrages halten oder darauf bestehen sollen, dass die Einwilligung ihres Chefs schriftlich erfolgt. Generell hätte Frau Jette Privates und Berufliches trennen sollen.

Telefonmitschnitte
Sie alle erinnern sich sicher an den Fall der Mitarbeiterbespitzelung im Sommer 2008 (ZEIT online 4.6.2008). Die Deutsche Telekom AG hatte

jahrelang Telefongespräche zwischen Mitarbeitern, externen Dienstleistern und Journalisten mitgeschnitten, angeblich, um mögliche Kommunikationslöcher im Konzern zu ergründen. Hierzu wurde ein externer Dienstleister beauftragt, der auch bei der Deutsche Bahn AG aktiv gewesen sein soll. Im Berufsleben gibt es kaum noch eine Privat- oder Intimsphäre. Sämtliche Daten von uns sind in der Firma auf externen Datenträgern abgelegt und können jederzeit abgerufen und gegen uns verwendet werden. Sie als Arbeitnehmer sind in Ihrem Unternehmen unter Umständen ein »gläserner Mitarbeiter«. Daher sollten Sie sich bei privaten Telefonaten oder bei Anrufen von Headhuntern immer gut überlegen, was Sie am Telefon sagen, mit wem sie sprechen und über welche Leitung Sie dieses tun. Gerade bei einer parallel zu Ihrer derzeitigen Anstellung laufenden Jobsuche rate ich Ihnen dringend, sich ein privates Handy anzuschaffen.

> Das Erfassen und Nachverfolgen Ihres Datenverkehrs und Ihrer Telefonate sowie Videoaufzeichnung Ihrer Handlungen im Unternehmen sind Möglichkeiten, wie Ihr Arbeitgeber Informationsmaterial gegen Sie sammeln kann. Natürlich verstößt er damit gegen das geltende Datenschutzrecht. Da diese Vorgehensweise jedoch in den wenigsten Fällen publik wird, nimmt Ihr Arbeitgeber diesen Verstoß im Zweifel billigend in Kauf.

Kontrolle Ihrer Firmenreisen

Eine weitere Möglichkeit stellt die Kontrolle Ihrer Firmenreisen dar. Vielleicht hat Ihr Arbeitgeber mit Ihnen einen Vertrag über anfallende Reisekosten geschlossen und Ihnen einen Firmenwagen zur Verfügung gestellt, den Sie auch privat uneingeschränkt nutzen können. Weiter wird er Ihnen anfallende Reisekosten und Hotelübernachtungen erstatten, die im Rahmen Ihrer beruflichen Tätigkeit anfallen. Nun mag der eine oder andere Mitarbeiter auf die Idee kommen, eine Hotelübernachtung dranzuhängen. Dieses wird von einigen Arbeitnehmern zum Beispiel dann praktiziert, wenn berufliche Termine am Freitag in einer Stadt stattfinden, die der Mitarbeiter sich gerne am Wochenende genauer ansehen möchte. Vielleicht haben Sie am Freitag einen Termin in einer

Stadt und möchten erst am Sonntag statt am Freitagabend zurück flie-gen. Es sollte für Sie in diesem Zusammenhang immer klar sein, dass Sie nur die Hotel- und Reisekosten abrechnen können, die unmittelbar durch den beruflichen Termin entstanden sind. Zwar kann es sein, dass Sie für einen Rückflug am Freitagabend das gleiche Geld zahlen wie an einem Sonntagabend und daher gar nicht auf die Idee kommen, um Erlaubnis zu bitten, der Firma den Sonntag-Rückflug in Rechnung zu stellen. Das ist aber nicht richtig. Solche Umbuchungen müssen Sie zuvor mit Ihrem Arbeitgeber besprechen und sich genehmigen lassen.

> Achten Sie bei Firmenreisen immer darauf, nur Kosten einzureichen, die mit Ihrem Arbeitgeber zuvor schriftlich abgesprochen und vereinbart waren. Wenn Sie zum Beispiel verlängerte Wochenenden mit einer Firmenreise verbinden, sollten Sie sich auf jeden Fall zuvor die Zustimmung Ihres Arbeitgebers einholen.

Kontrolle der Spesenabrechnungen bzw. Bewirtungsrechnungen
Vielleicht befinden Sie sich in einer Position, in der Sie die Möglich-keit haben, Kunden oder Kooperationspartner zum Essen einzuladen? Diese Möglichkeit mag manchen Mitarbeiter dazu verleiten, das eine oder andere private Essen bei der Firma zur Abrechnung einzureichen. Vielleicht denkt er: Wer kann schon kontrollieren, ob ich als Vertriebs-mitarbeiter am Donnerstagabend mit einem Kooperationspartner oder Kunden essen gewesen bin, oder ob ich privat verabredet war?

Wenn die Umsätze stimmen und der Arbeitgeber seine Mitarbeiter bei Laune halten möchte, mag es für ihn keine Rolle spielen, ob dieser die eine oder andere Restaurantabrechnung einreicht, die privat verur-sacht wurde. Auch wenn dies nicht ganz korrekt ist, gewährt der Ar-beitgeber seinem Mitarbeiter vielleicht diesen Freiraum und sieht dies als ein Incentive an, mit dem er ihm gegenüber zum Ausdruck bringen möchte, wie sehr er seine Arbeitsleistung schätzt. Hat der Arbeitgeber ihn allerdings im Visier und möchte Material gegen ihn sammeln, so wird er sich die Rechnungen, die er einreicht, mit besonderer Sorgfalt ansehen. Eine falsche Spesenabrechnung oder eine Restaurantrechnung, die der Mitarbeiter einreicht, obwohl es eine private Verabredung war, ist ein Grund zur Abmahnung.

> Trennen Sie immer private und berufliche Einladungen zum Essen. Auch wenn Ihr nächster Vorgesetzter das selbst tut und Ihnen gesagt hat, sie könnten ruhig eine private Rechnung einreichen. Eine falsche Spesenabrechnung ist ein Grund zur Abmahnung.

Krankmeldungen

Viele Mitarbeiter stellen sich die Frage, wie krank sie sein müssen, um eine Krankmeldung in einem Unternehmen rechtfertigen zu könne. Müssen Sie so angeschlagen sein, dass Sie den ganzen Tag im Bett liegen? Dürfen Sie sich nur in Ihrer Wohnung bewegen oder auch draußen aufhalten? Klar ist, dass es keinen guten Eindruck macht, wenn Sie sich krank gemeldet haben und bei Kaffee und Kuchen mit Freunden in einem Straßencafe gesehen werden. Ihre »Freigänge« sollten Sie bei Krankschreibungen auf die Besuche zum Arzt, zur Apotheke oder in den nächsten Supermarkt beschränken. Alles andere könnte zu Gerüchten führen, die negativ auf Sie zurückfallen. Vielleicht werden Sie jetzt einwenden, dass es nicht wirklich ein Problem darstellt, eine Krankschreibung vom Arzt zu bekommen. Das ist zwar richtig – Sie sollten aber mit Krankmeldungen vorsichtig umgehen. Nicht der Inhalt des gelben Zettels, sondern auch Ihr Umgang und Ihr Auftreten während Ihrer Krankmeldung spielt eine Rolle.

> Auch wenn Ihr nächster Vorgesetzter oder Kollege Ihnen den Tipp gibt, sich für einen externen Termin auch mal »krank« zu melden, machen Sie davon keinen Gebrauch! Wenn Sie einen wichtigen externen Termin unter der Woche haben, dann beantragen sie einen Tag Urlaub oder lassen Sie sich die Genehmigung für den externen Termin von Ihrem Vorgesetzten schriftlich erteilen.

Weiterbildungen während der Arbeitszeit

In welchen weiteren Bereichen können Arbeitgeber »Material« gegen Arbeitnehmer sammeln, um Mitarbeiter unter Druck zu setzen, abzumahnen oder fristlos zu kündigen?

Dies ist zum Beispiel möglich, wenn Sie Weiterbildungen in Anspruch nehmen, die zuvor nicht »offiziell« mit dem Arbeitgeber abgesprochen waren und die Sie in Ihrer Arbeitszeit durchführen. Fort- und Weiterbildungen müssen grundsätzlich mit Ihrem Arbeitgeber abgesprochen sein. Etwas anderes gilt, wenn Sie die Kosten für die Weiterbildung allein bezahlen und diese außerhalb Ihrer Arbeitszeit stattfindet. Auch wenn Sie die Kosten einer Fortbildung aus der eigenen Tasche bezahlen und der Meinung sind, der Arbeitgeber könne froh sein, dass Sie sich für die Firma fortbilden und dafür in Kauf nehmen müsse, dass Sie dieses zumindest teilweise in der Arbeitszeit tun, können Sie nicht alleine entscheiden. Sie dürfen Ihre Arbeitszeit nur in gewissem Rahmen selbst verwalten und gestalten. Der Arbeitgeber hat ein Recht darauf, mit Ihnen gemeinsam zu besprechen, ob die von Ihnen gewählte Fortbildung für das Unternehmen wertvoll ist und Sie einige Stunden dafür frei bekommen.

Auch wenn Sie der Meinung sind, dass eine Weiterbildung, die Sie besuchen, nur zum Besten der Firma geschieht, müssen Sie grundsätzlich zuvor eine Einwilligung des Arbeitgebers einholen. Verlassen Sie sich nicht auf irgendwelche Aussagen von Kollegen. Die Genehmigung muss immer schriftlich bei Ihrem direkten Vorgesetzten eingeholt werden. Eine Ausnahme liegt nur dann vor, wenn Sie die Fortbildung selber bezahlen und diese außerhalb Ihrer Arbeitszeit stattfindet.

Einsatz von Mitarbeitern als Spitzel

Wenn Sie sich immer ganz korrekt verhalten, gewissenhaft arbeiten und Ihren Aufgaben- und Kompetenzbereich nicht überschreiten, dann wird Ihr Arbeitgeber weder auf legalem noch illegalem Weg Informationen gegen Sie sammeln können, die Sie unter Druck setzen, klein halten oder zur Vorbereitung einer Kündigung führen können.

In den meisten Fällen ist es aber so, dass Mitarbeiter sich nicht zu einhundert Prozent an die Vereinbarungen halten. Das Versenden von privaten E-Mails vom Firmen-Account aus, private Telefonate über das Geschäftstelefon, eine vorgeschobene Krankheit an dem einen oder anderen Tag kommt bei so gut wie jedem Mitarbeiter im Laufe seines Arbeitslebens einmal vor. Und auch wenn wir an dieser Stelle argumentieren, dass das doch alle Arbeitnehmer tun, so ist es dennoch laut Arbeitsvertrag nicht korrekt und kann einen Personaleintrag oder eine Abmahnung begründen.

Etwas ganz anderes ist es jedoch, wenn Sie sich arbeitsrechtlich vollkommen korrekt verhalten, der Arbeitgeber aber dennoch Material über Sie sammelt, dass Sie unter Druck setzen kann. Hierzu bedient er sich vielleicht eines Kollegen als Spitzel, der in privaten vertrauensvollen Gesprächen Informationen über Sie einholen soll. Was eignet sich aus Ihrem Privatleben überhaupt dazu, Sie unter Druck zu setzen? Auch wenn Sie nicht alles in Ihrem Leben veröffentlichen möchten, gibt es doch auch nichts zu verbergen, denken Sie. Generell ist das richtig, trotzdem gibt es möglicherweise die eine oder andere Information über Sie, mit der man Sie verletzen kann oder die in der Firma und unter den Mitarbeitern als nicht passend empfunden wird. Was kann das sein?

Ihre politische Meinung und Aktivitäten

Auch wenn Ihr Arbeitgeber suggeriert, keine Vorbehalte gegen die politische Gesinnung seiner Mitarbeiter zu haben und jegliches politisches Engagement toleriert, so kann das in der Realität ganz anders aussehen. Stellen Sie sich zum Beispiel den Fall vor, dass Sie in einem mittelständischen Unternehmen arbeiten, das politisch stark rechtslastig ausgerichtet ist. Man kämpft in dem Unternehmen schon seit Jahren – zurzeit noch erfolgreich – darum, die Etablierung eines Betriebsrates zu vermeiden. Sie dagegen wählen seit Jahren eher links gerichtete Parteien, nehmen gerne an Demonstrationen teil und kämpfen für Minderheiten. In Ihrem letzten Unternehmen waren Sie jahrelang leidenschaftlich im Betriebsrat tätig. Wenn Ihr Vorleben nicht schon im Vorstellungsgespräch angesprochen wurde oder Sie im Vorstellungsgespräch schon gemerkt haben, dass dieses Unternehmen politisch anders ausgerichtet ist als Sie, so kann das Thema zu einem späteren Zeitpunkt brisant werden. Es ist die Frage, ob es Ihnen wichtig ist, dass Ihr Arbeitgeber um Ihre politische Arbeit und Ihr Engagement weiß und dieses toleriert.

Ihre politische Gesinnung, Vergangenheit und Gegenwart kann ein Grund sein, der Ihren Arbeitgeber stark emotionalisiert. Daher sollten Sie sich darüber bewusst sein, dass es nicht immer sinnvoll ist, diese Dinge offen zu legen. Tun Sie es doch und weichen Ihre politischen Vorstellungen von denen Ihres Arbeitgebers stark ab, müssen Sie unter Umständen damit rechnen, dass Sie auf der Liste der Arbeitnehmer stehen, von denen man sich mittelfristig trennen möchte und gegen die man weiteres Material sammelt, um Sie zum Gehen zu veranlassen. Gerade wenn Sie in einem Unternehmen arbeiten, das schon aufgrund des Geschäftsgegenstandes politisch sehr aktiv ist, ist es umso entscheidender, dass Ihre politische Gesinnung zum Unternehmen passt oder Sie Ihre (andere) Einstellung während der Arbeitszeit und Kollegen gegenüber nicht erwähnen.

> Seien Sie sich darüber bewusst, dass die Veröffentlichung Ihrer politischen Gesinnung und Aktivität – je nach Arbeitgeber und Geschäftsgegenstand – heikel sein kann. Ist Ihrem Arbeitgeber dies wichtig und gehören Sie einer anderen Partei an, so kann das dazu führen, dass Sie auf der Liste der Mitarbeiter stehen, die man veranlassen möchte, das Unternehmen zu verlassen.

Religionszugehörigkeit
Eine weitere private Information über Sie, die dem Arbeitgeber wichtig sein kann, ist Ihre religiöse Zugehörigkeit. Dies ist insbesondere dann der Fall, wenn Ihr Arbeitgeber ein kirchlicher Träger ist oder wenn das

Thema der religiösen Zugehörigkeit in Ihrem Geschäftsfeld eine Rolle spielt. In den meisten Fällen wird es schon in Ihrem Einstellungsgespräch Thema gewesen sein. Wenn nicht, kann es zu einem späteren Zeitpunkt von wesentlicher Bedeutung werden. Gehören Sie einer Sekte oder einer sektenähnlichen Vereinigung an, so sollten Sie sich allerdings darüber bewusst sein, dass in vielen Arbeitsverträgen die Anti-Scientology-Klausel aufgenommen ist und es in den meisten Unternehmen nicht positiv bewertet wird, wenn herauskommt, dass Sie einer Sekte angehören. Auch im entgegengesetzten Fall kann es zu großen Problemen kommen. Dann nämlich, wenn sich herausstellt, dass Sie in einem Unternehmen gelandet sind, in dem nahezu die komplette Führungsriege Scientologen sind. Hier müssen Sie sich entscheiden, ob Sie sich abgrenzen können oder ob von dem Unternehmen mittelfristig verlangt wird, dass Sie beitreten.

> Die Bedeutung Ihrer Religionszugehörigkeit ist von Unternehmen zu Unternehmen verschieden. Arbeiten Sie bei einem kirchlichen Träger, so mag der Religionszugehörigkeit eine wichtige Bedeutung zukommen. Ähnlich verhält es sich in Unternehmen, die von Sekten unterwandert sind. In diesen Fällen kann Ihre andersartige religiöse Zuordnung zu Problemen führen. Insofern sollten Sie immer besondere Vorsicht walten lassen, wenn Sie Ihre Religionszugehörigkeit offen legen.

Lebensstil
Auch die Art und Weise, wie und in welchen privaten Zusammenhängen Sie leben, kann Ihrem Arbeitgeber passender oder weniger passend erscheinen. Nicht alle Unternehmen sind tolerant. Entspricht Ihr Lebensstil dem typischen Bild des Unternehmens? Gibt es im Unternehmen Richtlinien, wie Sie privat leben sollten oder ist das Unternehmen allen Lebensstilen gegenüber tolerant?

Vielleicht ist es in Ihrem Unternehmen wichtig, verheiratet zu sein und eine Familie zu haben. Sind alle Mitarbeiter und Kollegen heterosexuell? Wie wird mit homosexuell lebenden Kollegen und Führungskräften umgegangen?

Auch wenn klar ist, dass der Lebensstil, Lebenspartner und die sexuelle Ausrichtung kein Grund ist, einen Mitarbeiter abzumahnen oder unter Druck zu setzen, kommt es immer wieder vor. Denn Ihr Arbeitgeber hat ein klares Bild davon, wie etwas zu sein hat und was er toleriert und was nicht. Ist Ihr Lebensstil für Ihren Arbeitgeber und das Unternehmen eine emotionale Bedrohung, so wird er im Zweifel so lange Informationen gegen Sie sammeln oder Sie mobben, bis Sie freiwillig gehen. Seien Sie sich darüber also bewusst und überprüfen Sie für sich, ob Sie mit Ihrem Lebensstil in das Unternehmen passen und ob Sie ihn öffentlich machen möchten.

> Passt Ihr Lebensstil nicht zum Unternehmen, so kann es passieren, dass Ihr Arbeitgeber Informationen gegen Sie sammelt, um Sie zu veranlassen, das Unternehmen zu verlassen. Seien Sie daher vorsichtig mit der Verbreitung privater Informationen.

Abhängigkeiten, Süchte und Therapien

Sind Sie abhängig oder süchtig? Weiß der Arbeitgeber davon? Befinden Sie sich aktuell in einer Therapie? Mit dem Thema Abhängigkeiten, Süchte und Therapie sollten Sie besonders vorsichtig sein. Nicht jeder Arbeitgeber kann damit umgeben und verfügt über Toleranz und Verständnis in diesen Bereichen. Eine aktuelle Sucht kann – je nach Ausmaß und auch Position, die Sie im Unternehmen bekleiden – dazu führen, dass Sie gekündigt werden. Sollten Sie abhängig oder süchtig sein, so sollten Sie sich um eine entsprechende Behandlung kümmern. Wahrscheinlich wird dieses sonst früher oder später Thema im Unternehmen sein. Und das sollten Sie dringend vermeiden.

Beispiel   **Frau Ahlers und ihre Therapie**
Frau Ahlers ist seit zwei Jahren in einem Unternehmen als Vertriebsleiterin tätig. Zurzeit geht es ihr psychisch nicht besonders gut. Sie leidet unter Schlafstörungen und Angstzuständen. Frau Ahlers versteht sich selbst gerade gar nicht, merkt aber, dass ihre Ängste so stark sind, dass sie Unterstützung benötigt. Sie wendet sich an ihren

Hausarzt, der sie an eine Therapeutin überweist. Frau Ahlers geht nun seit einigen Wochen zweimal wöchentlich zur Therapie. Das tut Sie morgens von 8 bis 9 Uhr, damit im Unternehmen keiner davon etwas mitbekommt. Frau Ahlers ist davon überzeugt, dass ihr Vorgesetzter mit dem Thema Therapie nicht viel anfangen kann und vertraut sich ihm auch nicht an. Nach einigen Monaten bekommt ihr Kollege Herr Tugend heraus, dass Frau Ahlers eine Therapie macht. Herr Tugend informiert darüber ihren gemeinsamen Vorgesetzten. Der Vorgesetzte ist schockiert, dass Frau Ahlers so etwas »nötig« hat. Er ist verunsichert. Immerhin ist Frau Ahlers Vertriebsleiterin – das Aushängeschild nach außen zu den Kunden und dafür verantwortlich, dass der Umsatz stimmt. Der Vorgesetzte kommt zu dem Schluss, dass Frau Ahlers in dieser Position nicht mehr tragbar ist und erteilt Herrn Tugend den Auftrag, Frau Ahlers zu beobachten und Material gegen sie zu sammeln, das eine Kündigung rechtfertigt. Herrn Tugend wird als Dank die Position von Frau Ahlers in Aussicht gestellt.

Was hätte Frau Ahlers anders machen können?
Es gibt zwei Möglichkeiten, eine solche Situation zu vermeiden. Wenn Sie das Gefühl haben, dass Ihr Arbeitgeber keine Berührungsangst mit dem Thema Therapie hat, so können Sie ihm dies sagen. Das verhindert, dass er die Information von einer anderen Person bekommt, ohne Ihren Kommentar dazu zu hören. Keinesfalls ist es so, dass Sie nicht arbeitsfähig sind, wenn Sie eine Therapie machen. Je nach Thema und Ursache sind Sie auch während der Therapie im Unternehmen zu 100 Prozent einsetzbar.

Die zweite Möglichkeit ist, dieses Thema im Unternehmen nicht zu kommunizieren. Dann muss aber sichergestellt sein, dass Sie mit dem Thema so diskret umgehen, dass auch kein anderer Kollege davon erfährt.

Nicht immer können Sie Einfluss darauf nehmen, welche Informationen über Sie im Unternehmen bekannt werden und welche nicht. Vielleicht entscheiden Sie sich auch dafür, offen zu leben und auch Ihre psychische Situation, Ihre politische Einstellung, Religionszugehörigkeit oder Ihren Lebensstil mitzuteilen. In einigen Fällen kann Angriff sicher auch eine Art der Verteidigung sein. Je offener und selbstbewusster Sie mit der

Situation umgehen, umso selbstverständlicher ist die Information auch für den Empfänger, also Ihren Arbeitgeber. Schätzt dieser Ihre Offenheit aber nicht oder erfährt er zum Beispiel von Ihrer gerade psychisch instabilen Situation und möchte Sie aus dem Unternehmen mobben, so sollten Sie sich aktiv wehren. Sicher ist es in einer solchen Lebenssituation nicht einfach, auch noch Kraft in einen Arbeitskampf zu stecken, aber mit entsprechender Unterstützung ist es möglich. Vielleicht möchten Sie auch gar nicht mehr für einen Arbeitgeber arbeiten, der Ihre politischen Aktivitäten, Ihren Lebensstil oder eine Therapie nicht toleriert. Dann sorgen Sie dafür, dass Sie eine entsprechende Abfindung bekommen. Unterstützung und Hilfe finden Sie im Unternehmen beim Betriebsrat, der jede Art der Diskriminierung nicht tolerieren wird. Sie sollten sich unbedingt auch rechtlich beraten lassen, am besten von einem externen Rechtsanwalt. Um sich psychisch zu stabilisieren, kann ein begleitendes Coaching sinnvoll sein. Und letztlich sollten Sie auch Ihre Kollegen nicht aus der Verantwortung entlassen. Sprechen Sie die Diskriminierung klar bei Ihren Kollegen an und bitten Sie um Unterstützung.

Es gibt Themen, über die Sie im Unternehmen grundsätzlich nicht sprechen sollten. Zu diesen gehören Ihre Süchte, Abhängigkeiten und die Information, dass Sie sich in Therapie befinden. Wenn es doch herauskommt, dass Sie sich in Therapie befinden oder süchtig sind, so sollten Sie an das Verständnis und den Beistand Ihrer Vorgesetzten und Kollegen appellieren. Suchen Sie sich einen externen Coach oder (wenn Sie nicht schon in Therapie sind) Therapeuten, um sich psychisch zu stabilisieren – vor allem für den Fall, dass Sie aufgrund Ihrer Therapie, Krankheit oder Sucht im Unternehmen diskriminiert werden. Werden Sie gemobbt, so wehren Sie sich aktiv, gehen Sie zum Betriebsrat und schalten ggf. einen externen Rechtsbeistand ein. Je weniger Sie sich zum Opfer machen lassen, desto stärker und stabiler werden Sie.

Ausnahmen hiervon sind Arbeitsplätze, die Sie nur bekleiden dürfen, wenn Sie psychisch stabil sind. In gewissen Berufen (z.B. Berufspilot, Busfahrer etc.) kann es einen Kündigungsgrund darstellen, wenn Sie derzeit von einer Substanz abhängig sind.

Wie können Sie sich davor schützen, dass Ihr Arbeitgeber Daten über Sie sammelt?

| Strategie 1 | **Die Maßnahmen im Unternehmen sorgfältig beobachten** |

Wir haben gesehen, dass es auf unterschiedliche Art und Weise möglich ist, Sie zu überwachen und Informationen über Sie zu sammeln. Nicht vor allen Überwachungsmitteln können Sie sich schützen. Jedoch können Sie versuchen, alle möglichen Informationen über Datensammlung im Unternehmen wahrzunehmen, indem Sie aufmerksam sind und Ihre Umgebung sorgfältig beobachten. Vielleicht bemerken Sie, ob ein Kamerasystem installiert ist, oder ob Telefonate abgehört und ausgewertet werden und welcher Kollege gegebenenfalls als Spitzel gegen Sie eingesetzt ist.

Vielleicht sind Sie auch der Datenschutzbeauftragte des Unternehmens und bekommen so weitere Informationen.

| Strategie 2 | **Die Funktion des Datenschutzbeauftragten übernehmen** |

Wenn Sie die Funktion des Datenschutzbeauftragten übernehmen, schützt Sie das zwar nicht automatisch davor, dass gegen Sie Daten gesammelt werden, jedoch wird die Hemmschwelle für Ihren Arbeitgeber vielleicht etwas erhöht, denn er weiß, dass Sie nun an der Informationsquelle sitzen und sich darüber informieren, was erlaubt und was verboten ist. Und das könnte für ihn unangenehmen Ärger bedeuten, wenn herauskommt, dass er gegen Datenschutzregeln verstoßen hat.

| Strategie 3 | **Strikte Trennung von Privatem und Beruflichem** |

Weiter ist es möglich, dass Sie sich in Ihrer Arbeitszeit an die Arbeitsbedingungen anpassen und Privates im Unternehmen grundsätzlich nicht ansprechen. Das verhindert, dass Ihr Arbeitgeber Informationen gegen Sie in der Hand hat, mit denen er Sie emotional erpressen kann.

| Strategie 4 | **Mit gleichen Mitteln antworten** |

Generell ist auch denkbar, dass Sie ebenfalls Informationen und Daten gegen Ihren Arbeitgeber sammeln und diese dann anführen, wenn Sie bemerken, dass er Sie mit privaten Informationen unter Druck setzt. Das setzt voraus, dass Sie Ihren Arbeitgeber dabei ertappen, wenn er etwas Ungesetzliches tut oder gegen die Arbeitsbedingungen verstößt. Vielleicht erhalten Sie auch Informationen aus seinem Privatleben. Grundsätzlich sollten Sie hier aber vorsichtig sein, da Ihr Arbeitgeber in solchen Fällen meist am längeren Hebel sitzt.

Nicht gegen jede Überwachung des Arbeitgebers können Sie sich schützen. Sie können aber Vorsichtsmaßnahmen ergreifen. Generell sollten Sie darauf achten, sich gemäß den Bestimmungen Ihres Arbeitsvertrags zu verhalten und sorgsam damit umzugehen, Informationen über Ihr Privatleben zu verbreiten.

MITARBEITER ALS WERKZEUGE EINSETZEN, UM EIGENE STRAFTATEN ZU VERDECKEN

... und so schützen Sie sich davor

Kriminelle Absichten: Schwarzkonten und Scheingeschäfte

Bei Mitarbeitern, die in der Hierarchie nach oben rutschen, stellt man eines fest: sie werden eitler. Und das ist nur zu gut nachvollziehbar. Führungskräfte strahlen Macht aus, dürfen über große Budgets verfügen und bestimmen den Kurs eines Unternehmens. Sie werden hofiert, und externe Dienstleister tun (fast) alles, um mit ihnen ins Geschäft zu kommen, denn wer sich mit den Einflussreichen und Mächtigen umgibt, hofft, davon etwas abzubekommen. Da die Führungsriege die Unternehmensphilosophie prägt und den Mitarbeitern vorlebt, was erlaubt und was verboten ist, hofft man, dass ihre geschäftlichen Handlungen integer sind, sie also nach moralischen und ethischen Werten handeln. Dabei ist das Gegenteil oftmals der Fall. Kaum eine Woche vergeht derzeit, in der nicht ein neuer unternehmerischer Skandal entdeckt wird. Gelder werden ins Ausland verschoben, um sie vor dem deutschen Fiskus zu retten, und Schmiergelder werden gezahlt, um Aufträge zu erhalten. In Aktienunternehmen herrscht Insiderhandel, da die Vorstände versuchen, sich zu bereichern.

Das alleine ist schon sehr bedenklich. Die renommierte Harvard Business School bietet neuerdings Ethik- und Werteprogramme an, um diesem Trend entgegenzutreten. Selbst diese bekannte Universität, die den Anschein erweckt, integre Unternehmerpersönlichkeiten in das Arbeitsleben zu entlassen, bildete heutige Manager aus, die wegen Untreue und Betrugsfällen vor Gericht standen.

Diese Entwicklungen führen zu der Frage, ob es nur gewisse Menschen sind, die skrupellos vorgehen, oder ob es allgemeine Praxis in den Führungsriegen ist. In den Fällen, in denen die Führungsetage die Verantwortung für ihr Handeln übernimmt, macht sich zwar Entsetzen breit, wenn eine Straftat entdeckt wird, durch die dann folgenden Sanktionen gegen das Management scheint es aber hier Gerechtigkeit zu geben, auch wenn die meisten Richtersprüche relativ milde ausfallen.

Was hat das Ganze mit Ihnen zu tun? Sie sind Mitarbeiter in einem Unternehmen und haben derzeit noch keine Möglichkeit, in der Führungsriege zu sitzen. Ich erzähle Ihnen das Vorgehen, da Arbeitgeber und Vorstände, die beruflich Straftaten begehen, hierfür häufig Mitarbeiter als Werkzeug benutzen, ohne sie darüber aufzuklären, was sie gerade tun. Viele Mitarbeiter durchschauen in diesen Fällen die strafrechtliche Komponente ihres Handelns nicht. Und da sie von der Gunst ihres Vorgesetzten oder Arbeitgebers abhängig sind, ist es nur verständlich, dass sie auch bereit sind, sich für den Erfolg ihres Chefs zu engagieren und bei Anweisungen keine unangenehmen Fragen stellen. Auf die Idee, dass sie vorsätzlich zu einer Straftat angestiftet werden, kommen die meisten nicht.

Gibt es bestimmte Mitarbeitertypen oder Positionen, die besonders gefährdet sind?

Instrumentalisierung nicht eingeweihter Mitarbeiter

Grundsätzlich eignet sich jeder als Werkzeug und Helfer, um im Auftrag des Arbeitgebers eine Straftat zu begehen. Allerdings gibt es einige Inhaber bestimmter Positionen, die besonders häufig dafür eingesetzt werden. Das sind zum Beispiel die Leiter von Controllingabteilungen und die Assistenten des Vorstandes. Die Controllingabteilung kümmert sich um die ordnungsgemäße Finanzführung. Es ist nahe liegend, dass Ihr Arbeitgeber dort einen Verbündeten braucht, wenn er Schwarzgeldkonten gründen möchte. Die Assistenz ist meistens die engste Vertraute, die das operative Tagesgeschäft des Arbeitgebers oder

Vorgesetzten abarbeitet. Auch sie eignet sich daher als Verbündete, da sie die Anweisungen vom Vorstand entgegennehmen und umsetzen muss.

Warum lässt Ihr Arbeitgeber als oberstes Organ des Unternehmens nicht einfach die Gelder freigeben, die er benötigt, um seine Geschäfte zu führen? Das hat verschiedene Gründe. Es gibt Manager, die versuchen, mit zusätzlichen Firmengeldern ihre private Brieftasche zu füllen. Ein anderer Grund kann sein, Schmiergelder an Kunden zahlen zu müssen, um gewisse Aufträge zu erhalten. In einigen Ländern und Branchen wird man ohne die Zahlung von Schmiergeldern nicht zum Auftrag kommen. Dies ist unter der Hand bekannt – offiziell werden diese Gelder aber nicht im Unternehmen freigegeben. Also müssen sich die Vorstände andere Wege einfallen lassen, um Gelder freizusetzen. Eine Möglichkeit ist es, Schwarzkonten anzulegen.

Eine andere Methode ist, externe Dienstleister auf dem Markt zu suchen, die Scheinrechnungen an das Unternehmen ausstellen und den vom Unternehmen an sie gezahlten Betrag entweder direkt an Dritte auszahlen oder in Form eines sogenannten »Kick Backs« an das Unternehmen bar zurückzahlen. Da diese Rechnungen durch das Unternehmen geschleust werden müssen, wird der Controllingleiter eingeweiht, die Scheinrechnungen der externen Dienstleister durchzuwinken und nicht weiter zu überprüfen. Die Assistenz des Vorstandes wird angewiesen, das zurückgezahlte Bargeld in Empfang zu nehmen und die Schwarzgelder an die Firmen auszuzahlen, die der Vorstand zuvor ausgewählt hat. Der Vorstand selbst achtet peinlich genau darauf, dass er selbst nicht in dem Verfahren auftaucht, sondern nur seine Mitarbeiter steuert, die er als Werkzeug eingesetzt hat. Diese allein treten nach außen auf und auch diese allein werden in einem möglichen Strafverfahren zur Rechenschaft gezogen. Der Vorstand sichert sich hier soweit ab, dass ihm nichts nachgewiesen werden kann und im Zweifel Aussage gegen Aussage steht.

Die Abhängigkeit der Mitarbeiter vom Vorstand

Da sowohl der Controllingleiter als auch die Assistenz (so wie alle Mitarbeiter) von dem Vorstand abhängig sind und sie ihren Arbeitsplatz behalten möchten, befinden sie sich in einer ungünstigen Position. Meistens werden sie über die tatsächliche Verwendung der Gelder nicht informiert, so dass sie im gesetzlichen Graubereich arbeiten. Der Vorstand lässt sie bezüglich aller Tatsachen vorsätzlich in Unkenntnis, insbesondere darüber, dass sie sich der Beihilfe zur Untreue strafbar machen und gegen sie sowohl zivil- als auch strafrechtlich vorgegangen werden kann. Da die Verfahren zur Produktion von Schwarzgeldern in den meisten Unternehmen schon Tradition haben, ist es für neue Mitarbeiter schwierig, die an sie herangetragene Bitte des Vorstandes abzulehnen. Die Sekretärinnen haben zu ihrem Vorgesetzten meist viel Vertrauen, außerdem stellen Vorstände oder auch Vorgesetzte nach außen Personen dar, die darüber entscheiden dürfen, wie Gelder in dem Unternehmen verwendet werden. Wären die Untergebenen sich über die Strafbarkeit und die sich daraus ergebenden Konsequenzen bewusst, würde ihre Entscheidung, ob sie diese Straftat mittragen, im Zweifel anders aussehen.

Schwarzgeld

Werden Einnahmen nicht ordnungsgemäß versteuert oder sind Einnahmen durch illegale Aktivitäten entstanden, wird solches Geld als Schwarzgeld bezeichnet. Da dieses Geld (vor allem, wenn es einer Gruppe oder Organisation gehört) häufig in bar und beleglos eingenommen worden ist und allenfalls auch nur in dieser Form (Tresor, Schließfach) aufbewahrt werden kann, ist auch der Terminus »Schwarze Kasse« gebräuchlich.

Scheingeschäfte

Ein Scheingeschäft ist ein Geschäft, das nur »zum Schein« abgeschlossen wird und in der Realität gar nicht existiert. Es geht hier nicht um die (zum Schein) vorgegebene Transaktion, sondern darum, die hier freigegebenen Gelder für andere Dinge zu nutzen. Es wird zum Beispiel ein Budget in einem Unternehmen für eine bestimmte Sache genutzt, für die eigentlich kein Geld genehmigt wurde. Das verwendete Budget ist nur für andere Geschäfte vorgesehen und wird mithilfe des Scheingeschäftes zweckentfremdet. Einer rechtlichen Überprüfung hält ein Scheingeschäft nicht stand, das heißt, es entfaltet keine Rechtsbindung und kann wieder aufgelöst werden.

Da diese Scheinrechnungen der externen Dienstleister durch das Unternehmen geschleust werden müssen, wird der Controllingleiter eingeweiht und angewiesen, sie durchzuwinken und nicht weiter zu überprüfen. Die Assistenz des Vorstandes nimmt das Bargeld dann entgegen.

Der Vorstand sichert sich hier soweit ab, dass ihm nichts nachgewiesen werden kann und im Zweifel Aussage gegen Aussage steht.

`Beispiel` **Frau Paul will Herrn Links Erfolg sichern**

Ein in München angesiedeltes nationales Unternehmen macht große Umsätze. Der Vorstand ist jung und karriereorientiert. Die Firma ist inhabergeführt, und die Inhaber achten peinlich genau auf die Vergabe der jährlichen Budgets. Dem jungen Vorstand Link – Mitte 30 – steigen die schnellen Erfolge zu Kopf. Selbst aus kleinen Verhältnissen kommend, verdient er auf einmal viel Geld und sonnt sich in seinem Erfolg. Überall wird er hofiert, denn er ist zur rechten Zeit am rechten Ort und hat die richtigen Ideen. Der Vorstand möchte seine Mitarbeiter an dem Erfolg teilhaben lassen und feiert große Feste. Obwohl das Unternehmen bodenständig ist und die beiden Inhaber keine großen Budgets für Mitarbeiterfeiern vergeben, werden einmal im Jahr auf einer großen Feier Top-Künstler mit dem Helikopter eingeflogen und über 1000 Mitarbeiter mit den feinsten Delikatessen verwöhnt. Die Mitarbeiter fragen sich, wie der Vorstand dies finanziert, denn sie wissen um das geringe Event-Budget und die Schwierigkeit, mit den Inhabern darüber zu verhandeln, das Budget zu vergrößern.

Frau Paul – Vorstandsassistentin – weiß, wie der Vorstand es möglich macht, sie spricht jedoch nur mit eingeweihten Mitarbeitern darüber. Sie ist Mitte 40 und seit vier Jahren Vorstandsassistentin von Herrn Link. Frau Paul sonnt sich gerne in dem Erfolg des Vorstandes und ist ihm sehr verbunden. Herr Link gibt ihr freie Hand und sie darf mit bekannten Künstlern verhandeln. Das hat sich Frau Paul immer gewünscht. Was Vorstand Link ihr sagt, ist für sie Gesetz.

Als Vorstand Link in das Unternehmen kam, war das Budget für Firmen-Events verschwindend gering. Große Feiern konnten damit nicht veranstaltet werden. Vorstand Link wurde eines Tages im Beisein von Frau Paul von Vorstand Wort, selbst seit 15 Jahren im Unternehmen, zur Seite genommen und über das Geschäftsgebaren im Unternehmen informiert. Vorstand Link solle externe Dienstleister finden, die Scheinrechnungen über nicht erbrachte Beraterleistungen ausstellen. Dann würden die Feiern nicht über das Event-Budget, sondern über das üppige Berater-Budget abgewickelt werden. So handhabe man dies seit vielen Jahren.

Vorstand Link will eines: mächtig, reich und erfolgreich werden. Also scheut er sich nicht davor, dieses Procedere anzuwenden. Dies alles tut er mit der Maßgabe, keine Beweismittel dafür zu schaffen, dass er an der Beauftragung von Scheinrechnungen beteiligt ist. Vorstand Link ruft seine Sekretärin Frau Paul in sein Büro und erteilt ihr folgende Instruktion: Frau Paul möge Berater suchen, die Scheinrechnungen über Beraterleistungen ausstellen. Diese würden dann von dem Berater-Budget bezahlt werden und sollten nach Abzug der Steuern die Hälfte des Geldes bar an die Sekretärin auszahlen. Die externen Künstler für die Veranstaltungen seien darüber informiert, dass die Honorare bar von Frau Paul an sie ausgezahlt würden. Frau Paul möge nun noch einmal mit dem Controllingleiter sprechen und ihn bitten, die Rechnungen der externen Berater durchzuwinken – auf Anweisung des Vorstandes Link. Frau Paul ist sich keiner Schuld bewusst und führt diese Anweisung aus. Sie findet einen Berater, der die Scheinrechungen ausstellt und nach Überweisung des Geldes die Hälfte bar an Frau Paul auszahlt. Sie leitet das Geld an die Künstler weiter. Die Feste in dem Unternehmen werden immer größer und teurer – nun hat man einen Weg gefunden, um richtig feiern zu können. Und dies alles, ohne den Eventtopf mit Genehmigung der Inhaber zu erhöhen, denn alle wissen, dass dies nicht geschehen würde.

Den rauschenden Festen folgt der tiefe Fall. Vorstand Link verlässt nach einigen Jahren das Unternehmen. Die Sekretärin Paul bleibt und wird dem neuen Vorstand Soll zugeteilt. Vorstand Soll stößt auf die Scheinrechnungen, entlässt Sekretärin Paul und leitet ein Verfahren ein. Es folgen zwei Jahre, an die sich keiner der Beteiligten erinnern möchte. Es werden Hausdurchsuchungen bei Vorstand Link gemacht, dem externen Berater sowie der Sekretärin Paul widerfahren falsche Berichterstattung in der Presse sowie große Verfahren im Zivil- und Strafrecht. Am Ende verlässt Vorstand Link als einziger unbeschadet den Gerichtssaal. Sowohl Sekretärin Paul als auch der externe Berater können nicht beweisen, dass sie auf Weisung des Vorstands Link gehandelt haben. Beide werden dazu verklagt, die Summen an das Unternehmen zu zahlen, über die die Scheinrechnungen ausgestellt wurden.

Die Sekretärin Paul ist für den Rest ihres Lebens damit beschäftigt, ihre Schulden abzubezahlen. Aufgrund der Pressedarstellungen findet sie keinen neuen Job.

Woran können Sie erkennen, dass Sie für eine strafbare Handlung benutzt werden?

Wenn Sie Berufsanfänger sind, wird es für Sie nicht immer einfach sein, zu erkennen, dass Ihr Arbeitgeber Sie für eine Straftat einsetzt. Die einzige Möglichkeit, die Sie haben, ist konsequentes Fragen. Lassen Sie sich von Ihrem Arbeitgeber ganz genau die Abwicklung von simulierten Rechnungen erläutern. Vergewissern Sie sich bei Ihren Kollegen, ob das tatsächlich gang und gäbe ist und ziehen Sie im Zweifel immer einen Steuerberater oder Rechtsanwalt hinzu. Nehmen Sie keine Handlungen vor, die Ihnen undurchsichtig oder zwielichtig erscheinen. Es wird seinen Grund haben, warum Sie intuitiv gewarnt sind.

Die Tatsache, dass Ihr Unternehmen seit Jahren in mehreren Abteilungen Handlungen vornimmt, die nicht legal sind, heißt nicht, dass sie durch den gängigen Gebrauch strafrechtlich unbedenklich sind. Oftmals ist es eine Form von Firmenkultur, dass sich Korruption entwickelt, und häufig geschieht dies dann nicht nur in einer Abteilung, sondern zieht sich durch das ganze Unternehmen.

Was können Sie tun, um nicht für strafbare Handlungen eingesetzt zu werden?

Strategie 1   **Arbeitsaufträge konsequent hinterfragen**

Die erste Möglichkeit ist, konsequent und vehement den Arbeitsauftrag Ihres Arbeitgebers zu hinterfragen.

Sollte es sich tatsächlich darum handeln, Sie zu beauftragen, eine Straftat zu begehen, wird Ihr Arbeitgeber sich scheuen, detaillierte Fragen zu beantworten. Denn damit setzen Sie ihn unter Druck und zeigen, dass Sie reflektiert sind und sich die Aufgaben ganz genau ansehen. Gerade das möchte er nicht. Er braucht kein denkendes Wesen, sondern ein ausführendes Werkzeug. Das sind Sie ab diesem Zeitpunkt nicht mehr. In vielen Fällen wird Ihr Arbeitgeber Ihnen den Auftrag nicht erteilen, sondern sich einen anderen Mitarbeiter dafür suchen.

Strategie 2 ### Weitere Zeugen im Unternehmen finden

Sie können auch den Kreis der Vertrauten und Eingeweihten vergrößern und sich so Zeugen verschaffen. Sagen Sie Ihrem Arbeitgeber, dass Sie diesen Auftrag nur dann übernehmen, wenn weitere Kollegen mitwirken. Genau das wird er nicht wollen, denn sein Ziel ist es, den Kreis der Mitwisser möglichst klein zu halten.

Strategie 3 ### Arbeitsaufträge schriftlich erteilen lassen

Bitten Sie Ihren Arbeitgeber, Ihnen den Arbeitsauftrag schriftlich zu erteilen. Eine kurze Zusammenfassung in einer E-Mail genügt. Ihre Begründung kann sein, dass Sie den von ihm genannten und erläuterten Ablauf gerne zum Nachlesen noch einmal zusammengefasst hätten. Will Ihr Arbeitgeber Sie als Werkzeug für eine Straftat einsetzen, wird er das konsequent ablehnen und sich mit großer Wahrscheinlichkeit ein neues Opfer unter den Mitarbeitern suchen.

Strategie 4 ### Sich für einen Auftrag als »zu dumm« darstellen

Sie könnten so tun, als verstünden Sie den Auftrag und den Ablauf einfach nicht. Sie fassen das Gesagte Ihres Arbeitgebers immer wieder falsch zusammen und bauen Fehler ein. Es ist gut möglich, dass er irgendwann aufgibt und zu einem anderen Mitarbeiter geht. Dabei sollten Sie aber darauf achten, dass Ihr Arbeitgeber erkennt, dass Sie sich nur in diesem Falle dumm stellen, um den Auftrag nicht übernehmen zu müssen. Ihr Arbeitgeber muss merken, dass Sie gerade versuchen, sich selbst und auch ihm eine Brücke zu bauen. Sie wollen ihn nicht daran hindern, seinen Weg zu gehen, möchten aber kein Handlanger für gewisse Tätigkeiten sein. Ihr »Sich-dumm-stellen« muss daher mit einem Augenzwinkern erfolgen. Denn für Sie und Ihre Karriere ist es wichtig, weiterhin in bedeutende und große Projekte einbezogen zu werden – nicht aber als Komplize einer Straftat.

Strategie 5 ### Den Auftrag ablehnen

Am konsequentesten und auch direktesten wäre die Ablehnung des Auftrages. Da dies ohne Begründung aber dazu führen kann, dass Sie Ihren Arbeitsplatz verlieren, ist das nicht mein erster Tipp an Sie. Auch die Begründung anzuführen, dass es sich hierbei um eine illegale Aktion handelt und Sie deshalb nicht mitmachen wollen, ist nicht sehr geschickt, denn damit bezichtigen Sie Ihren Arbeitgeber indirekt des Verbrechens.

Hilft aber keine der eben erwähnten Taktiken, so ist es letztlich dennoch besser, den Auftrag abzulehnen, als ihn anzunehmen und somit eine Straftat zu begehen. Einen Arbeitsplatz zu verlieren ist schlimm, aber vermutlich für Sie immer noch weniger belastend, als ein Strafverfahren wegen Beihilfe zur Veruntreuung von Geldern zu ertragen, das sich über Jahre erstrecken kann. Denn eines ist sicher – wenn die ganze Angelegenheit auffliegt, wird der Vorstand Sie nicht entlasten. Ihm ist die Tragweite und auch strafrechtliche Komponente seines Verhaltens bewusst und er hat sich trotzdem dafür entschieden. Er handelt aber nicht allein, sondern versucht, Sie als unwissendes Werkzeug einzusetzen. Darauf werden Sie sich aber nicht berufen können, denn Unwissenheit schützt nicht vor Strafe.

Seien Sie äußerst vorsichtig, wenn Sie als Mitarbeiter beauftragt werden, Handlungen vorzunehmen, die nicht offiziell im Unternehmen genehmigt wurden. Versuchen Sie, diesen Auftrag mit den oben erwähnten Taktiken abzulehnen.

Loyalitäts-Appell

Warum lassen sich Mitarbeiter für kriminelle Machenschaften in Unternehmen überhaupt einsetzen?

Im ersten Fallbeispiel wurde die Mitarbeiterin getäuscht. Auch wenn Sie nun vielleicht einwenden, dass die Sekretärin doch hätte wissen müssen, dass sie gerade einen Betrug begeht, ist das keinesfalls immer so offensichtlich. Je länger Sie in einem Unternehmen tätig sind, das sich bei seinen Vorgehensweisen am Rande der Legalität befindet, desto weniger können Sie bestimmte Bereiche trennen. Es ist Ihnen auf einmal nicht mehr so klar, was legal und was illegal ist und wo in Graubereichen die Strafbarkeit einer Handlung anfängt. Denn welches Unternehmen handelt schon immer strikt nach Gesetz? Manchmal wird besonders dann getrickst, wenn es darum geht, Gelder für den eigenen Abteilungsbereich zu organisieren. Verschiebungen aus den unterschiedlichsten Gründen gibt es in Unternehmen häufig. Einige davon befinden sich im gesetzlichen Graubereich – andere dagegen sind ganz klar strafbar.

Der Vorstand oder Vorgesetzte kann Sie als Mitarbeiter also täuschen. Er kann Sie auch emotional unter Druck setzen und an Ihre Loyalität appellieren. Durch diesen Trick will er Sie dazu veranlassen, eine strafbare Handlung für ihn zu begehen. Das mag Ihnen beim ersten Lesen vielleicht abenteuerlich vorkommen. Gibt es tatsächlich Mitarbeiter, die sich durch einen Appell an die Loyalität so unter Druck setzen lassen, dass sie eine strafbare Handlung ihres Vorgesetzten unterstützen oder decken?

Es gibt Mitarbeiter, die für ihren Vorgesetzten nahezu alles tun. Die klassischen Arbeitsverhältnisse, in denen diese übergroße Loyalität vorkommt, sind häufig die zwischen einem Vorgesetzten und seiner Sekretärin. Die Sekretärin ist in den meisten Fällen die engste Bezugsperson. Sie erkennt, wann es ihrem Chef gut oder schlecht geht, kann seine Gestik und Mimik lesen und unterstützt ihn, wo sie nur kann. Sie hört sich die Probleme an, besorgt private Geschenke, kümmert sich um den privaten und beruflichen Terminkalender. Es gibt kaum etwas, was sie über ihren Vorgesetzten nicht weiß. Beide sind eng miteinander verbunden – manchmal sogar enger als der Vorgesetzte mit seinem Lebenspartner. Arbeitet man tagtäglich so eng zusammen, so bleibt es nicht aus, dass die Loyalität wächst. Unter Loyalität versteht man die Bindung an eine Person, die sich vor allem dadurch kennzeichnet, dass ein Mensch die Werte des anderen teilt und diese auch gegenüber Dritten vertritt. Loyalität bedeutet im beruflichen Zusammenhang zum Beispiel die freiwillige Bereitschaft eines Mitarbeiters, Anweisungen und Befehle des Vorgesetzten ohne weiteres Hinterfragen umzusetzen. Das heißt, die Sekretärin unterstützt auch dann ihren Vorgesetzten, wenn sie dessen Handlung nicht teilt und vertreten kann.

Dies tut sie aus den unterschiedlichsten Gründen. Vielleicht, weil es das Selbstverständnis einer Sekretärin ist, weil sie ihrem Vorgesetzten generell folgt und fest davon überzeugt ist, dass er ihr gegenüber genauso loyal sein wird, wie sie es ihm gegenüber ist. Nur – da irrt sie in vielen Fällen. Sicher ist jeder Vorgesetzte auch darum bemüht, die Loyalität seiner Sekretärin entsprechend zu würdigen und mit einer ähnlichen zu beantworten, jedoch mit ganz wesentlichen Ausnahmen. Eine Führungskraft, die weiter kommen möchte, wird sich immer nach oben orientieren – und sich im Zweifel auch gegen die Verbindung mit einer Person entscheiden, die ihr hierarchisch unterlegen ist. Hier gibt es einen ganz klaren Machtunterschied. Viele Vorgesetzte handeln nicht immer gerecht oder ethisch nachvollziehbar – sie handeln oftmals so, wie es erforderlich ist, um im Unternehmen weiter zu kommen.

Mit welchen Mitteln appelliert der Vorgesetzte an die Loyalität?

Oft braucht es keiner großen Worte oder Handlungen seitens des Vorgesetzten an einen treu ergebenen und loyalen Mitarbeiter, um ihn zu einer Handlung zu ermutigen. Er wird in den meisten Fällen die Anweisungen des Vorgesetzten nicht in Frage stellen, so dass dieser »leichtes Spiel« hat. Ein Wort, ein Blick oder eine Geste des Vorgesetzten reichen aus, um den treu ergebenen Mitarbeiter zu einer Handlung zu ermutigen.

Gehen wir zu dem Fall von Sekretärin Paul zurück. Sie war daran interessiert, dass »ihr« Vorstand, Herr Link, genauso erfolgreich wird wie die alt gedienten Vorstände im Unternehmen. Ihr war wichtig, dass Herr Link seinen Erfolg nach außen zeigen konnte – insofern stand für sie gar nicht in Frage, wie sie die Bitte, für Scheinrechnungen zu sorgen, beantworten sollte. Denn Frau Paul hatte das Verständnis, dass ihr Job heißt, für den Vorstand Link zu sorgen – so wie er auch für ihren Job sorgt. In Letzterem hat sie sich leider geirrt.

Viele Mitarbeiter bringen ihrem Vorgesetzten eine große Loyalität entgegen. Diese sollte bei Ihnen jedoch nicht so weit gehen, dass Sie Straftaten ausführen. Denken Sie daran – Ihr Vorgesetzter wird nur in den seltensten Fällen Ihnen gegenüber die gleiche Loyalität walten lassen. Er wird sich im Zweifel nach oben orientieren.

Ängste schüren

Wie kann ein Arbeitgeber bei Ihnen Ängste hervorrufen?

Das kann er erreichen, indem er Ihnen Angst macht oder die Ängste, die er bei Ihnen kennt, bewusst anspricht. Welche Ängste haben Sie? Vielleicht ...

– Ihren Arbeitsplatz zu verlieren?
– in eine andere Abteilung versetzt zu werden?
– Ihren derzeitigen sozialen Status im Unternehmen zu verlieren?
– den Arbeitsplatz Ihres Vorgesetzten zu gefährden?
– degradiert zu werden?
– vor der Insolvenz des Unternehmens?

Ihr Arbeitgeber bzw. Vorgesetzter wird es in diesen Fällen natürlich so darstellen, dass genau diese Angst sich verwirklichen wird, wenn Sie ihn nicht darin unterstützen, die von ihm geplante Straftat zu verdecken. Bedenken Sie, dass Ihr Arbeitgeber oder Vorgesetzter die Dinge oft so darstellt, wie er es gerade braucht. Und wenn er darin trainiert ist, dann wird es für ihn ein Leichtes sein, Ihre Angst zu schüren. Natürlich wird er Ihre Angst nicht direkt ansprechen, sondern zunächst darauf warten, wie Sie generell auf seine Anfrage reagieren. Vielleicht hofft er darauf, dass Sie gar nicht registrieren, dass Sie ihn in einer Straftat zu unterstützen. Dann muss er sich noch nicht einmal die Mühe machen, Ihre Ängste zu schüren. Merkt er aber, dass Sie sich der Strafbarkeit bewusst sind und zögern, wird er angreifen.

Lassen Sie uns den Fall von Frau Paul und Herrn Link einmal unter dieser Prämisse betrachten.

Beispiel **Frau Paul und Herr Link**
Vorstand Link spricht Frau Paul darauf an, einen externen Dienstleister zu organisieren, der Scheinrechnungen über Beraterdienstleistungen schreibt. Frau Paul stutzt kurz und fragt dann Herrn Link, ob diese Budgetverschiebung denn rechtens sei, denn sie habe gehört, dass so etwas eine Untreue sei und strafrechtlich verfolgt werden könne. Vorstand Link antwortet darauf, dass das rein rechtlich gesehen vielleicht so wäre, Frau Paul aber doch wisse, dass die Dinge nicht immer so dramatisch sind, wie sie dargestellt werden. Dieses Vorgehen werde in dem Unternehmen – und auch in den meisten anderen – seit vielen Jahren erfolgreich und unbehelligt so praktiziert. Sie brauche also keine Angst haben, dass sie sich zu irgendeinem Zeitpunkt strafbar mache. Frau Paul überlegt kurz und antwortet dann, dass sie immer noch ein schlechtes Gefühl habe, wenn Herr Link ihr aber eine kurze Arbeitsanweisung per E-Mail dazu geben würde, mache sie mit. Vorstand Link reagiert daraufhin ungehalten und fragt Frau Paul, ob sie seinem Wort nicht mehr trauen würde. Letztendlich müsse Frau Paul beachten, dass es auch um die Sicherung ihres Arbeitsplatzes ginge. Er müsse seinen Status als Vorstand nach außen deutlich machen und darstellen und dafür benötige er Feiern in einem gewissen Umfang. Das müsse Frau Paul doch deutlich sein. Wenn er dieses nicht tue, könnte es heißen, dass sie beide in absehbarer Zeit nicht nur im Ansehen nach außen hin, sondern auch tatsächlich degradiert werden würden. Außerdem mache es ihr doch Freude, die großen Events zu organisieren und mit Künstlern zu verhandeln. All dies könne sie nicht mehr tun, wenn sie ihn nun nicht unterstütze. Frau Paul willigt schließlich ein und bittet den externen Dienstleister um Scheinrechnungen.

Wie hätte Frau Paul sich aus der Affäre ziehen können?
Der erste wesentliche Schritt wäre gewesen, dass Frau Paul sich klar macht, in welchen Bereichen sie erpressbar ist. Diese lösen sich nach dem Erkennen zwar nicht auf, aber so wird eine rationalere Entscheidung möglich. Löst der Arbeitgeber bei Frau Paul erst einmal Ängste aus, so wird sie mit großer Wahrscheinlichkeit nur noch emotional rea-

gieren. Die Ängste werden alle Entscheidungen bestimmen und sie fühlt sich bedroht und unfrei. In dieser Situation kann sie keine der oben genannten Strategien anwenden. Insofern sollte sie darauf achten, dass sie gar nicht in eine derartig angstbesetzte Stresssituation kommt. Wenn sie das im Griff hat, sollte sie versuchen, den Auftrag abzulehnen. Und zwar mit einer der oben genannten Vorgehensweisen.

> Seien oder werden Sie sich bewusst, was Sie für Ängste haben. Lassen Sie sich nicht erpressen, Straftaten Ihres Arbeitgebers oder Vorgesetzten zu decken, nur weil der Ihre Ängste anspricht. Eine Straftat zu verdecken oder aktiv zu unterstützen, kann heißen, sich zivil- und strafrechtlich verantworten zu müssen. Und diese Aussicht wird sicher sehr viel tiefer liegende Ängste bei Ihnen freisetzen als die, die Ihr Arbeitgeber ansprechen könnte. Lassen Sie nicht zu, dass Sie erpresst zu werden!

Versprechungen: Beförderung und Ansehen

Warum lassen sich Arbeitnehmer sonst als Werkzeug für eine Straftat benutzen?

Vielleicht, weil der Arbeitgeber ihnen eine Beförderung in Aussicht stellt, wenn sie diesen Auftrag übernehmen.

Möchten Sie auf der Erfolgswelle Ihres Arbeitgebers oder Vorgesetzten mitschwimmen? Ihr Arbeitgeber stellt es so dar, als könnten Sie nur dann Karriere machen, wenn Sie »mitmachen«? Das heißt im Klartext: wenn Sie seine strafbaren Handlungen decken oder sich daran beteiligen. Möchte Ihr Arbeitgeber oder Vorgesetzter Ihnen verdeutlich, dass es normal ist, Schwarzgeldkonten anzulegen oder Budgetverschiebungen vorzunehmen? Und sagt er, dass das Unternehmen es von Ihnen erwarte, dass Sie diese Dinge mittragen? Vielleicht hält er Ihnen vor, dass sich an diesem Punkt zeige, ob Sie das Spiel verstanden haben und sich professionell verhalten. Konkret hieße das, mitzumachen und sich als zuverlässiger und loyaler Mitarbeiter von anderen abzuheben oder eben nicht. Es gehört viel Selbstbewusstsein dazu, sich von diesen (meist durchaus überzeugenden) Ansprachen Ihres Arbeitgebers oder Vorgesetzten nicht einfangen zu lassen. Denn natürlich möchten Sie professionell handeln und die Ihnen zustehende Beförderung erhalten.

Seien Sie sich aber sicher, wenn Sie einmal den Weg beschreiten, eine Straftat im Unternehmen zu decken, um die Ihnen in Aussicht gestellte Beförderung zu bekommen – auch wenn es nur nach einem Kavaliersdelikt aussieht – dann sind Sie zukünftig erpressbar. Und das weiß Ihr Arbeitgeber ganz genau. Und Sie sollten sich ernsthaft fragen, ob Sie die Beförderung nicht auch auf anderem Wege bekommen können – und zwar aufgrund Ihrer Leistungen und nicht, weil Sie Ihren Vorgesetzten bei einer Straftat decken.

Beispiel	**Frau Paul macht sich erpressbar**

Wie verhält sich Frau Paul möglicherweise, wenn ihr eine attraktive Beförderung in Aussicht gestellt wird, falls sie bei der Straftat mitwirkt?

Frau Paul weigert sich zunächst noch, die Scheinrechnungen in Auftrag zu geben. Nachdem Herr Link merkt, dass er mit einer »normalen« Argumentation nicht mehr weiter kommt, versucht er, Frau Paul mit einer Beförderung zu locken. Er bietet ihr an, zukünftig nicht mehr nur das Sekretariat des Vorstandes zu betreuen, sondern sich exklusiv um die Verhandlungen mit den Eventveranstaltern und den Künstlern zu beschäftigen. Herr Link weiß, dass dies der Traumjob für Frau Paul wäre. Frau Paul ist immer noch mulmig bei dem Gedanken, die Scheinrechnungen zu veranlassen – diesen Traumjob kann sie sich aber nicht entgehen lassen. Vor sich selbst rechtfertigt sie ihre Mitwirkung damit, dass man im beruflichen Leben zu nichts kommt, wenn man sich immer korrekt verhält. Sie stimmt zu und gibt die Scheinrechnungen in Auftrag.

Frau Paul befindet sich nun in einer sehr schwachen Position. Sie ist erpressbar, denn sie hat bei einer Straftat mitgewirkt, und nun hat ihr Arbeitgeber sie in der Hand. Er wird sie nun zu weiteren Straftaten animieren und muss nicht mehr fragen. Er muss nur drohen – und das wird Auswirkungen auf das Verhalten von Frau Paul haben. Ob die Beförderung jemals stattfindet, bleibt dahingestellt.

Seien Sie sich darüber bewusst, dass in manchen Unternehmen die Arbeitgeber oder Führungskräfte strafrechtlich relevante Taten begehen. In vielen Fällen sind dies Untreue oder Betrugshandlungen. Dazu gehören zum Beispiel der Aufbau von Schwarzkassen, Budgetverschiebungen und Insiderhandel. Oft versuchen die eigentlichen Täter, Mitarbeiter als Werkzeuge zu finden, die ihre Handlungen ausführen. Denken Sie daran: Ihr Arbeitgeber oder Vorgesetzter wird Sie in den seltensten Fällen schützen, wenn diese Handlungen zur Anklage kommen. Lassen Sie sich daher nie darauf ein. Im Zweifel lassen Sie sich von Ihrem Arbeitgeber oder Vorgesetzten unterschreiben, dass Sie die Handlungen im Auftrag des Unternehmens vornehmen sollen. Führen Sie einmal eine solche Handlung aus oder decken sie, bleiben Sie in diesem Unternehmen immer manipulierbar.

WENN GAR NICHTS MEHR GEHT: WIE ERHALTE ICH EINE ANGEMESSENE ABFINDUNG?

Wenn Sie oder auch Ihr Arbeitgeber feststellen, dass Sie nicht zusammen passen, dann stellt sich die Frage, wie Sie auseinander gehen.

Standpunkt Ihres Arbeitgebers

Ihrem Arbeitgeber wird es darum gehen, Sie schnell und preiswert loszuwerden. Abfindungen sind ihm ein Gräuel, genauso jahrelange Arbeitsgerichtsprozesse und das Erregen öffentlichen Aufsehens. Insofern wird er versuchen, Ihnen deutlich zu machen, dass die Qualität Ihrer Arbeit einfach nicht ausreicht und daher ein klarer Kündigungsgrund vorliegt, auf den er sich beruft.

Ihr Standpunkt

Sie werden vermutlich anderer Meinung sein. Sie haben über einen kürzeren oder längeren Zeitraum eine gute Arbeit abgeliefert und möchten nun eine entsprechende Abfindung erhalten. Sie ärgern sich, dass Sie jetzt für eine Selbstverständlichkeit kämpfen müssen, obwohl Sie bislang Ihrem Arbeitgeber gegenüber immer loyal waren.

Was sollten Sie parallel tun?

Unabhängig davon, ob eine Kündigung Ihnen gegenüber schon ausgesprochen wurde oder nicht – eines sollten Sie auf jeden Fall tun: sich vernetzen. Und zwar nicht nur in Ihrer Firma, sondern auch in Ihrer

Branche und sogar über die Branche hinaus. Denn nichts macht Sie so erpressbar für Ihren Arbeitgeber wie mangelnde Alternativen und Abhängigkeit.

Die angemessene Abfindung

Möchte der Arbeitgeber das Arbeitsverhältnis mit Ihnen beenden und will er weitere rechtliche Auseinandersetzungen mit Ihnen vermeiden, bietet er Ihnen in vielen Fällen eine einmal zu zahlende, größere Summe an. Diese nennt sich Abfindung. Mit der Zahlung dieses Betrages erklären Sie sich bereit, die Firma zu verlassen und keine weiteren rechtlichen Schritte einzuleiten. Mit der Abfindung tritt der (ehemalige) Mitarbeiter alle Ansprüche, die sich aus dem (vertraglichen) Arbeitsverhältnis ergeben, ab.

Das Arbeitsverhältnis soll aufgehoben oder gekündigt werden – wie erhalten Sie nun eine angemessene Abfindung?

Wonach berechnet sich die Abfindungshöhe?

Eine absolut gesetzlich oder rechtlich verbindliche Berechnung der Abfindungshöhe gibt es nicht. Lediglich als Richtwert für die Berechnung der Entlassungsabfindung nach Kündigungsschutzgesetz (KSchG) gilt: 0,5 Monatsverdienste gibt es für jedes Jahr Ihres Arbeitsverhältnisses. Es kann jedoch auch sein, dass das Arbeitsgericht das Arbeitsverhältnis im Zuge einer Kündigungsklage des Arbeitnehmers auflöst und den Arbeitgeber zur Zahlung einer angemessenen Entlassungsabfindung verurteilt. Dann wird sich das Gericht in seiner Berechnung der Abfindungshöhe ebenfalls am § 10 des Kündigungsschutzgesetzes orientieren: Bei der Berechnung der Abfindung ist ein Betrag bis zu 12 Monatsverdiensten festzusetzen.

Sie haben natürlich die Möglichkeit, mit Ihrem Arbeitgeber jede andere Abfindungssumme zu verhandeln. Das hängt im Wesentlichen davon ab, wie das Verhältnis zwischen Ihnen und dem Arbeitgeber ist. Haben Sie bereits monatelang zuvor miteinander Auseinandersetzungen durchgestanden, so ist zu vermuten, dass Ihr Arbeitgeber in den meisten Fällen nur dann zu weiteren Zugeständnissen bereit ist, wenn er sieht, dass ein weiterer Arbeitsgerichtsprozess für ihn teurer werden würde.

Wie setzen Sie eine Abfindung bei Ihrem Arbeitgeber durch?

Ein Patentrezept dafür, wie Sie eine Abfindung bei Ihrem Arbeitgeber durchsetzen, gibt es nicht. Wichtig für die Vorbereitung ist es, dass Sie Ihre Ausgangssituation realistisch einschätzen.

– Wie viel Geld (Abfindung) steht Ihnen rein rechtlich zu?
– Wie groß ist das Risiko, in einem Arbeitsgerichtsprozess zu unter-liegen?
– Wie ist es um Ihre derzeitige psychische Stabilität bestellt?
– Kommt es Ihnen wirklich auf einige Euro mehr oder weniger an, oder geht es darum, Recht zu bekommen?
– Wie ist das derzeitige Verhältnis zwischen Ihnen und Ihrem Arbeit-geber – können Sie noch miteinander sprechen?

Wägen Sie diese Punkte gut gegeneinander ab und überprüfen Sie Ihre Motivation. Es geht an dieser Stelle nicht darum, festzulegen, aus welchem Grund es sinnvoll und aus welchem es weniger sinnvoll ist, mit Ihrem Arbeitgeber über die Abfindung zu verhandeln. Sie sollten sich aber immer bewusst sein, warum Sie das tun.

Schlusswort

Nun kennen Sie den einen oder anderen Trick, der von Ihrem Arbeitgeber eingesetzt wird. Das Wissen darum ist aber nur ein erster Schritt. Was Sie damit machen, liegt in Ihrer Hand. Sie können die Tricks beobachten, über sich ergehen lassen und sich darüber ärgern. Oder Sie entscheiden sich dazu, aktiv zu werden und sich gegen die Tricks der Arbeitgeber zu wehren. Wie Sie die Führungsstrukturen erkennen und die »Stolpersteine«, die Ihnen der eine oder andere Arbeitgeber in Ihrem Berufsleben auf den Weg legt, überwinden können, wurde in diesem Buch beschrieben.

Ich möchte Ihnen Mut machen, sich gegen Verhaltensweisen, die moralisch und ethisch nicht zu akzeptieren sind, stark zu machen. Lassen Sie nicht zu, dass Sie in die Opferrolle gedrängt werden, oder treten sie aus ihr heraus und wehren Sie sich! Es liegt an Ihnen, Ihrem Arbeitgeber auf Augenhöhe zu begegnen und Ihre Karriere selbst in die Hand zu nehmen.

Ich wünsche Ihnen viel Erfolg und gutes Gelingen und hoffe, dass Sie den richtigen Arbeitgeber finden, bei dem Sie die Werte und Normen, für die Sie stehen, auch im Unternehmen leben können.

Viel Erfolg auf Ihrem weiteren beruflichen Weg!

Literaturtipps

Hans-Georg Häusel: *Think Limbic. Die Macht des Unbewussten verstehen und nutzen für Motivation, Marketing, Management*, 5. Auflage, Freiburg im Breisgau 2007

Gerald Hüther: *Biologie der Angst. Wie aus Streß Gefühle werden*, 8. Auflage, Göttingen 2007

Joachim Bauer: *Prinzip Menschlichkeit. Warum wir von Natur aus kooperieren*, 5. Auflage, Hamburg 2007

Paul Watzlawick u.a.: *Menschliche Kommunikation: Formen, Störungen, Paradoxien*, 11. unveränderte Auflage, Bern u.a. 2007

Roger Fisher und Daniel Shapiro: *Erfolgreich verhandeln mit Gefühl und Verstand*, Frankfurt am Main 2007

Fredmund Malik: *Führen, leisten, leben. Wirksames Management für eine neue Zeit*, Neuausgabe, Frankfurt am Main 2007

Daniel F. Pinnow: *Führen. Worauf es wirklich ankommt*, 3. Auflage, Wiesbaden 2008

Julia Friedrichs: *Gestatten: Elite. Auf den Spuren der Mächtigen von morgen*, 7. Auflage, Hamburg 2008

Matthias Horx und Britta Steilmann: *Millennium Moral. Wirtschaft, Ethik und Natur*, Düsseldorf 1995

Karl-Heinz Brodbeck: *Gewinn und Moral: Beiträge zur Ethik der Finanzmärkte*, Aachen 2006

Rüdiger Waldkirch: *Die Moral der Wirtschaft: Gesellschaftliche Verantwortung und Mittelstand*, Berlin 2008

Michael Wicke: *Wirtschaftsethik – Negativ-Beispiel. Definitionen von Moral, Ethik, Wirtschaft und Wirtschaftsethik*, München und Ravensburg 2007

Ulrich Hemel: *Wert und Werte. Ethik für Manager – Ein Leitfaden für die Praxis*, 2. überarbeitete und erweiterte Auflage, München 2007

Kai Hattendorf, Sven H. Korndörffer und Stefanie Unger: *Was uns wichtig ist: Eine neue Führungsgeneration definiert die Unternehmenswerte von morgen*, 2. Auflage, Weinheim 2007

Hans Ruh (Hg.): *Ethik im Management: Ethik und Erfolg verbünden sich*, Zürich 2004

Hans Lenk (Hg.): *Wirtschaft und Ethik*, Stuttgart 2002

Die Autorin

Carmen Schön, geboren 1967 in Bremen, studierte Jura (Ass. Iur.) und Psychologie in Hamburg, Speyer und New York. Es folgte die Ausbildung zum Business Coach (dvct), Trainerin (DVNLP), systemischen Organisationsentwicklerin (Alwart und Team), Psychodrama sowie zur Mediatorin. Nach der TV-Moderation der RTL-Sendung »Wir kämpfen für Sie« wurde sie Justitiarin bei der MobilCom. Anschließend war sie Mitgründerin der freenet.de AG und verantwortete die Bereiche Recht, Regulierung und Beteiligungsmanagement. Es folgte der Aufbau des internationalen Vertriebs einer Tochter der Deutschen Telekom AG (Schwerpunkt West- und Osteuropa). Nach der Partnerschaft in der Unternehmensberatung PPI AG gründete sie 2004 ihr eigenes Unternehmen (*www.carmenschoen.de* und *www.juristische-akademie.de*). Heute trainiert und coacht sie Führungskräfte und Rechtsanwälte, begleitet Organisationsveränderungen und moderiert Veranstaltungen. Ferner ist sie Dozentin an der Universität für Rechtswissenschaften Hamburg, der Hamburg Media School (HMS) sowie der Steinbeis Hochschule. Von 2005 bis 2007 war sie Vorstandsmitglied des Bundesverbandes Junger Unternehmer (BJU). Carmen Schön lebt in Hamburg.

Bisherige Veröffentlichungen

Carmen Schön: *Bin ich ein Unternehmertyp? Eigene Fähigkeiten einschätzen, nutzen, optimieren*, Offenbach 2008

Danksagung

Bedanken möchte ich mich bei den Menschen, die insbesondere in den letzten zwei Jahren für mich da waren: Jutta und Patric Schön, Gisela Bredehop, Dr. Heike Jessat, Sabine Ehrentreich, Sylvia Heuer, Simone Wedler, Bettina Burmester, Svenja Janzon, Alexa Hintze-Hansen, Tina Müller-Westermann, Peter P. Buder und Hilde Tittelbach. Wie schön, dass es euch gibt!

Je weniger Sie reden, desto mehr kommt an!

berufsstrategie

Thilo Baum, Komm zum Punkt!

Das Rhetorik-Buch mit der Anti-Laber-Formel | 224 Seiten | gebunden mit Schutzumschlag
ISBN 978-3-8218-5977-4

Ob Kunden, Kollegen oder Mitarbeiter, ob per Telefon oder im persönlichen
Gespräch: Wer klare Ansagen macht und zum Punkt kommt, wird sofort
verstanden und kommt schneller zum Ziel. Und darum geht es.

Thilo Baum enttarnt das Waffenarsenal der Laberbacken. Er zeigt, wie
man die Menschen wirklich erreicht, seine Zuhörer und Gesprächspartner
informiert und unterhält, wie man seine Sprache verdichtet und Spannung
erzeugt.

www.eichborn.de

Ärger mit dem Chef? Das war gestern ...

berufsstrategie

Petra Begemann, Den Chef im Griff
Strategien für den richtigen Umgang mit Vorgesetzten | 128 Seiten | broschiert
ISBN 978-3-8218-5985-9

Sie sind unzufrieden, weil ihr Chef Ihnen schon lange nicht mehr richtig
zuhört? Sie sind frustriert, weil Ihr Vorgesetzter Sie häufig unterschätzt und
Sie beruflich auf der Stelle treten? Das lässt sich ändern! Dieser
praxisorientierte Ratgeber zeigt, wie Sie eingefahrene Verhaltensmuster
verändern können und bietet konkrete Lösungen für einen effektiveren
und angenehmeren Umgang mit dem Vorgesetzten.

Die wichtigsten Themen:

- Klassische Konfliktsituationen erkennen und entschärfen

- Cheftypen – und wie man sie handzahm macht

- Pluspunkte – wie Sie sich für höhere Aufgaben empfehlen

- Sackgassen – was Sie nicht weiterbringt

www.eichborn.de